中华烹饪古籍经典藏书

饮馔服食笺

〔明〕 高 濂 撰

中国商业出版社

图书在版编目（CIP）数据

饮馔服食笺 ／（明）高濂撰 . —北京 : 中国商业出
版社，2020.1

　　ISBN 978-7-5208-0936-8

　　Ⅰ．①饮… Ⅱ．①高… Ⅲ．①饮食－文化－中国－清
代 Ⅳ．① TS971.202

　　中国版本图书馆 CIP 数据核字（2019）第 216841 号

责任编辑：常　松

中国商业出版社出版发行

010-63180647　www.c-cbook.com

（100053　北京广安门内报国寺 1 号）

新华书店经销

玉田县嘉德印刷有限公司印刷

＊

710 毫米 ×1000 毫米　　16 开　 19 印张　 170 千字

2020 年 1 月第 1 版　2020 年 1 月第 1 次印刷

定价：79.00 元

＊ ＊ ＊ ＊

（如有印装质量问题可更换）

《中华烹饪古籍经典藏书》
指导委员会
（排名不分先后）

名誉主任

姜俊贤　魏稳虎

主　任

张新壮

副主任

冯恩援　黄维兵　周晓燕　杨铭铎　许菊云

高炳义　李士靖　邱庞同　赵　珩

委　员

姚伟钧　杜　莉　王义均　艾广富　周继祥

王志强　焦明耀　屈　浩　张立华　二　毛

《中国烹饪古籍丛刊》出版说明

国务院一九八一年十二月十日发出的《有关恢复古籍整理出版规划小组的通知》中指出：古籍整理出版工作"对中华民族文化的继承和发扬，对青年进行传统文化教育，有极大的重要性。"根据这一精神，我们着手整理出版这部丛刊。

我国烹饪技术，是一份至为珍贵的文化遗产。历代古籍中有大量饮食烹饪方面的著述，春秋战国以来，有名的食单、食谱、食经、食疗经方、饮食史录、饮食掌故等著述不下百种；散见于各种丛书、类书及名家诗文集的材料，更加不胜枚举。为此，发掘、整理、取其精华，运用现代科学加以总结提高，使之更好地为人民生活服务，是很有意义的。

为了方便青年阅读，我们对原书加了一些注释，并把部分文言文译成现代汉语。这些古籍难免杂有不符合现代科学的东西，但是为尽量保持原貌原意，译注时基本上未加改动；有的地方作了必要的说明。希望读者本着"取其精华，去其糟粕"的精神用以参考。编者水平有限，错误之处，请读者随时指正，以便修订。

中国商业出版社

出版说明

20世纪80年代初，我社根据国务院《关于恢复古籍整理出版规划小组的通知》精神，组织了当时全国优秀的专家学者，整理出版了《中国烹饪古籍丛刊》。这一丛刊出版工作陆续进行了12年，先后整理、出版了36册，包括一本《中国烹饪文献提要》。这一丛刊奠定了我社中华烹饪古籍出版工作的基础，为烹饪古籍出版解决了工作思路、选题范围、内容标准等一系列根本问题。但是囿于当时条件所限，从纸张、版式、体例上都有很大的改善余地。

党的十九大明确提出："要坚定文化自信，推动社会主义文化繁荣兴盛。推动文化事业和文化产业发展。"中华烹饪文化作为中华优秀传统文化的重要组成部分必须大力加以弘扬和发展。我社作为文化的传播者，就应当坚决响应国家的号召，就应当以传播中华烹饪传统文化为己任，高举起文化自信的大旗。因此，我社经过慎重研究，准备重新系统、全面地梳理中华烹饪古籍，将已经发现的150余种烹饪古籍分40册予以出版，即《中华烹饪古籍经典藏书》。

此套书有所创新，在体例上符合各类读者阅读，除根据前版重新标点、注释之外，增添了白话翻译，增加了厨界大师、名师点评，增设了"烹坛新语林"，附录各类中国烹饪文化爱好者的心得、见解。对古籍中与烹饪文化关系不十分紧密或可作为另一专业研究的内容，例如制酒、饮茶、药方等进行了调整。古籍由于年代久远，难免有一些不符合现代饮食科学的内容，但是，为最大限度地保持原貌，我们未做改动，希望读者在阅读过程中能够"取其精华、去其糟粕"，加以辨别、区分。

我国的烹饪技术，是一份至为珍贵的文化遗产。历代古籍中留下大量有关饮食、烹饪方面的著述，春秋战国以来，有名的食单、食谱、食经、食疗经方、饮食史录、饮食掌故等著述屡不绝书，散见于诗文之中的材料更是不胜枚举。由于编者水平所限，难免有错讹之处，欢迎大家批评、指正，以便我们在今后的出版工作中加以修订。

中国商业出版社

2019 年 9 月

本书简介

《饮馔服食笺》是明代高濂所著《遵生八笺》中的一部分。高濂，字深甫，号瑞南道人、湖上桃花渔，浙江钱塘（今杭州）人。曾任鸿胪寺官，明万历时居杭州。他所写的《遵生八笺》，提倡清修养生，燕闲清赏；讲究起居安乐，尘外遐举；重视四时调摄，延年祛病；介绍饮馔服食，灵秘丹药。

《遵生八笺》计十九卷。《饮馔服食笺》为《遵生八笺》中的第十一、十二、十三卷。第十一卷为卷上，包括序古诸论、茶泉类专论十三则、汤品类三十二种、熟水类十二种、粥糜类三十八种、粉面类十八种、脯鲊类五十种及治食有方专论一则；第十二卷为卷中，包括家蔬菜类五十五种、野蔬菜类九十一种，酿造类二十八种；第十三卷为卷下，包括甜食类五十八种、法制药品类二十四种，服食方类四十五种。计三卷十二类二百五十三方，专论一十五通。

《饮馔服食笺》采用了南京浦江吴氏《中馈录》、刘基《多能鄙事》中的不少内容。而后人黄省曾的《易牙遗意》、朱竹垞《食宪鸿秘》、顾仲《养小录》

中的不少条目又是从《饮馔服食笺》中移过去的。这部书自公元一五九一年问世，至今已有近四百年，是我国明代重要食典之一。

本书第十三卷所载神秘服食若干种，其食用效果有许多尚待现代科学加以检验。也有不少地方掺入了迷信之说，是不可取的。对于这一点在注释中尽可能地作了必要的说明；对本卷中与饮食无关的部分，作了删节。

本书以北京图书馆善本为底本进行标点，并曾经王湜华同志审校。

中国商业出版社

2019 年 9 月

目 录

高濂自序

高濂自序

高子^①曰：饮食，活人之本也。是以一身之中，阴阳运用，五行相生，莫不由于饮食^②，故饮食进则谷气充，谷气充则血气盛，血气盛则筋力强。脾胃者，五脏之宗，四脏之气皆禀于脾，四时以胃气为本。由饮食以资气，生气以益精，生精以养气，气足以生神，神足以全身，相须以为用者也。

人于日用养生务尚淡薄，勿令生我者害我，俾五味得为五内贼，是得养生之道矣。余集，首茶水，次粥糜蔬菜，薄叙脯馔，醇醴、面粉、糕饼、果实之类，惟取适用，无事异常。若彼烹炙生灵，椒馨珍味，自有大官之厨^③，为天人之供，非我山人所宜，悉并不录。其他仙经服饵，利益世人，历有成验诸方，制而用之有法，神而明之在人，择其可饵，录之以为却病延年之助，惟人量其阴藏阳藏之殊，乃进或寒或热之药。务令气性和平，嗜欲简然，则服食之力种种奏功。设若六欲方炽，五官失调，虽饵仙方，终落鬼籍^④，服之果何益哉？识者当自商榷。编成笺曰"饮馔服食"。

【译】高子说：饮食，是养活人的根本。因而，人的整

---

① "子"在古时为对男人的美称、尊称，也特指老师。此处为高濂自称，犹如宋人欧阳修在《秋声赋》中说"欧阳子方夜读书"。

②指人身中阴阳正反的对立统一运动和各种物质因素的相互促进。这里固然强调了饮食的重要性，但其他因素也有不可忽视的作用。

③大官之厨：大官与太官同。汉承秦制，少府属官有大官令、大官丞，主管官中饮食。

④鬼籍：死人登记册，即死亡。

个身体中，阴阳对立统一运行，五行的相互促进，无一不是由于饮食的作用。所以饮食摄入就谷气充沛，谷气充沛就血气旺盛，血气旺盛就筋力强健。脾胃是五脏的宗主，四脏之气都禀受于脾，春夏秋冬四时都以胃气为根本。通过饮食来获得真气，滋生真气而生精，生精又用以补养真气，真气充足因而精神旺盛，精神旺盛因此保全身体。它们是相互需要又相互作用的。

　　人在日常养生中，一定要倡导淡薄，不要让保养我的东西反而危害我，使食用的五味反成五脏的仇敌，如果做到了这些，可以说是把握了养生的规律。我这个集子，首先是茶水，其次是粥糜蔬菜，比较简要地叙述到脯馔类、酒类、面粉、糕饼、果实之类，只取其适用，而不求取其异乎平常。像那些烹炙生灵，异味奇珍，自然有专官来做，是供天人吃的，不为我这山野之人所适用，所以全都摒弃不录。其他如仙经所说的服用食品，有利于世人，而且有成功的经验，这些方法和使用的制度，功效为人共知，选择其可供服食的，记录下来可对祛病延年有所助益，只是每个人应考量自己阴藏阳藏之不同，进食性寒或性热的药。自己也要保持气性和平，嗜好和情欲简淡，那么服食这些药饵就会显现功效。假如各种情欲强烈无比，五官五脏失去调和，虽然所服的是仙方，终归要落得与死人为伍，服用这些又有什么好处呢？认识到这些的人，应当自我斟酌。我编成的书笺就叫作"饮馔服食"。

序古诸论

序古诸论

真人^①曰：脾能母养余脏。养生家谓之黄婆^②。司马子微^③教人存黄气，入泥丸，能致长生。太仓公^④言：安谷过期，不安谷不及期^⑤。以此知脾胃全固，百疾不生。江南一老人年七十三岁，壮如少者，人问所养，"无他术，平生不习饮汤水耳。常人日饮数升，吾日减数合，但只沾唇而已。脾胃恶湿，饮少胃强，气盛液行，自然不湿。或冒远行，亦不念水"。此可谓至言不烦。

食饮以时，饥饱得中，水谷变化，冲气^⑥融和，精血以生，荣卫以行，脏腑调平，神志安宁，正气冲实于内，元真通会于外，内外邪沴^⑦，莫之能干，一切疾患，无从而作也。

饮食之宜：当候已饥而进食，食不厌熟嚼；无候焦渴而引饮，饮不厌细呷。无待饥甚而食，食勿过饱；勿觉渴甚而饮，饮勿太频。食不厌精细^⑧，饮不厌温热。

太乙真人《七禁文》其六曰：美饮食，养胃气。彭鹤林①曰：夫脾为脏，胃为腑，脾胃二气互相表里。胃为水谷之海，主受水谷。脾为中央，磨而消之，化为血气，以滋养一身，灌溉五脏。故修生之士不可以不美其食。所谓美者，非水陆毕备、异品珍羞之谓也，要在乎生冷勿食，粗硬勿食，勿强食，勿强饮。先饥而食，食不过饱；先渴而饮，饮不过多。以至孔氏所谓食饐而餲、鱼馁②而肉败不食等语。凡此数端，皆损胃气，非惟致疾，亦乃伤生。欲希长年，此宜深戒，而亦养老奉亲与欢颐自养者所当知也。

黄山谷③曰：烂蒸同州④羔，灌以杏酪，食之以匕不以箸。南都⑤拨心面作槐芽温淘，糁以襄邑抹猪，炊共城⑥香稻荐以蒸子鹅⑦，吴兴⑧庖人斫松江鲈鲙，继以庐山康王谷水，烹曾坑斗品⑨。少焉，解衣而卧，使人诵东坡赤壁前后赋，亦足以一笑也。此虽山谷之寓言，然想象其食味之美，安得聚之，

①彭鹤林：即彭耜，南宋福州长乐（今福建）人。著有《道德真经集注》《释文》《杂说》。

②食饐（yì）而餲（ài），鱼馁（něi）而肉败：亦出自《论语·乡党》，是食物经久发馊，鱼烂肉腐。

③黄山谷：名黄庭坚，字鲁直，号山谷道人。宋代诗人、书法家，与苏轼齐名。但这一段文字并非黄山谷所云，乃苏轼所作。原引文载《苕溪渔隐丛话》后集之"东坡三"。

④同州：今陕西大荔县。

⑤南都：今河南南阳。

⑥共城：在河南辉县一带，古产香稻。

⑦子鹅：据《齐民要术》：孵化出百日之内之鹅为子鹅，肉嫩味美。

⑧吴兴：在浙江省。

⑨曾坑斗品：茶叶名。

以奉老人之甘旨①。

东坡《老饕赋》云：庖丁鼓刀，易牙烹熬。水欲新而釜欲洁，火恶陈而薪恶劳②。九蒸暴③而日燥，百上下而汤鏖④。尝项上之一脔⑤，嚼霜前之两螯⑥。烂樱珠之煎蜜⑦，滃杏酪之蒸羔⑧。

蛤半熟以含酒⑨，蟹微生而带糟⑩。盖聚众物之夭美⑪，以养吾之老饕。婉彼姜姬⑫，颜如李桃，弹湘妃之玉瑟⑬，鼓帝子之云璈⑭。命仙人之萼绿华⑮，舞古曲之郁轮袍⑯。引南

①甘旨：美好的食品。

②水欲新而釜欲洁，火恶陈而薪恶劳：清晨从井中打上来第一桶水叫新水。烧柴不要用枯旧朽木，因其火力不强。

③九蒸暴：蒸九次、晒九次。说烹制过程繁复。

④百上下而汤鏖（áo）：在釜中烧沸一百次，称百沸汤。因烧煮时久而激烈故称鏖。

⑤项上之一脔：脔即切成块的肉。《晋书·谢鲲传》："每得一狁（猪），以为珍膳，项上一脔尤美。"项上即颈上。

⑥霜前之两螯：即霜前螃蟹。

⑦烂樱珠之煎蜜：即蜜煎樱桃。

⑧滃（wěng）杏酪之蒸羔。滃：云气四起。杏酪：杏仁捣制如粥绞出浓汁如乳酪。杏酪之蒸羔，就是上文所云"烂蒸同州羔，灌以杏酪"。

⑨蛤半熟以含酒：即醉蛤。

⑩蟹微生而常糟：即糟蟹。

⑪夭（yāo）美：艳丽华美。此处指色香味形均美的食品。

⑫姜姬：美女。

⑬湘妃之玉瑟（sè）：湘妃，相传帝尧之二女娥皇、女英同嫁帝舜。舜巡行至苍梧，二女追至，而舜已死。二女哭泣，泪染竹成斑竹，死于湘江，成为湘水之神。瑟，是一种弦乐器。

⑭云璈：一种画有云纹的弦乐器。《汉武帝内传》云："鼓帝子之云璈"，即王母命侍女弹璈。

⑮萼绿华：女仙名。

⑯郁轮袍：琵琶曲。相传为唐初王维作。琵琶整套《霸王卸甲》亦名郁轮袍。

海之玻璃^①，酌凉州之葡萄^②。愿先生之耆寿^③，分余沥^④于两髦^⑤。候红潮于玉颊，惊暖响于檀槽^⑥。忽悚珠之妙曲，抽独茧之长缫。闵^⑦手倦而少休，疑吻燥^⑧而当膏。倒一缸之雪乳^⑨，列百柁之琼艘^⑩。各眼滟^⑪于秋水，咸骨碎于春醪^⑫。美人告去，已而云散，先生方兀然而禅逃。响松风于蟹眼^⑬，浮雪花于兔毫^⑭。先生一笑而起，渺海阔而天高。

吴郡鲈鱼鲙：八九月霜下时，收三尺以下，劈作鲙。浸洗布包，沥水气尽，散置盘内。取香柔花叶相间，细切和鲙，拌令匀。霜鲈肉白如雪，且不作腥，谓之盦鲙^⑮，东南佳味。

《杂俎》^⑯曰：各食有萧家馄饨，漉去其汤不肥，可以瀹^⑰茗。庾家粽子莹如玉。韩约作樱桃饆饠^⑱，其色不变，能

---

①引南海之玻璃：用南海的玻璃杯。玻璃在宋代为珍稀之物。

②酌凉州之蒲萄：倾凉州（今甘肃武威一带）的葡萄酒。

③耆（qí）寿：高寿。古称六十岁以上的人为耆。

④余沥：剩下的一点酒。

⑤两髦（máo）：儿童发式叫两髦，此处指侍童。

⑥檀槽：檀木做的琵琶、琴之类乐器上弦的格子，因似槽，故称檀槽。此处指乐器。

⑦闵（mǐn）：同悯，可怜。

⑧吻燥（zào）：嘴唇干燥。

⑨雪乳：酒名。

⑩琼艘：也作琼舟，即器皿下的托盘。琼艘即美玉做的托盘。

⑪眼滟：眼水汪汪。

⑫春醪（láo）：春酒。

⑬蟹眼：汤小沸，小气泡如蟹眼。

⑭浮雪花于兔毫：在雪白的纸上挥兔毛笔书写。

⑮金齑玉鲙：食品名。吴中以鱼作脍，菰菜作羹。鱼白如玉，菜黄如金，因称之。隋杜宝《大业拾遗记》中有记述。

⑯《杂俎》：即《酉阳杂俎》，唐段成式撰。

⑰瀹（yuè）茗：煮茶。

⑱饆饠（bì luó）：指一种面食，亦称波波，类似饺子。

造冷胡突鲙、鳢鱼臆、连蒸鹿、麂皮索饼。将军曲良翰能为驴骙驼^①峰炙。

何胤侈于味，食必方丈^②。后稍去，犹食白鱼、鱼旦^③腊、糖蟹。锺岏^④议曰：鱼旦之就腊，骤于屈伸；蟹之将糖，躁扰弥甚。仁人用意，深怀恻怛^⑤。至于蚌螯、蚶蛎，眉目内缺，惭浑沦之奇；唇吻外缄^⑥，非金人之慎^⑦。不荣不悴，曾草木不若；无声无臭^⑧，与瓦砾何异？故宜长充庖厨，永为口实。

后汉茅容，字季伟，郭林宗曾寓宿焉。及明旦，容杀鸡为馔，林宗意为己设，既而容独以供母，自与宗共蔬藿同饭。林宗因起拜之曰："卿贤乎哉！"后竟以孝成德。

《苕溪渔隐》^⑨曰：东坡于饮食作诗赋以写之，往往毕臻其妙，如《老饕赋》、《豆粥诗》是也。豆粥诗云："江头千顷雪色芦，茅檐出没晨烟孤。地碓春粳光似玉，沙瓶煮豆软如酥。我老此身无着处，卖书来问东家住。卧听鸡鸣粥熟时，蓬头曳履君家去。"又《寒具诗》，云："纤手搓来玉

①骙驼：骆驼之类。早在唐以前，驼峰已成为名菜。杜甫《丽人行》就有"紫驼之峰出翠釜，水精之盘行素鳞"之句。

②食必方丈：也作食前方丈，食味方丈。意即进食时面前摆列食物有一方丈之多。《韩诗外传》云："食方丈于前，所甘不过一肉之味。"

③鱼旦（dá）：即黄鳝鱼。

④锺岏（yuán）：梁时人。

⑤恻怛（dá）：同情、怜悯。

⑥唇吻外缄：嘴唇紧闭。

⑦金人之慎：像古代金人（即铜人）一样慎不开口。

⑧无臭（xiù）：没有气息。

⑨《苕（tiáo）溪渔隐》：书名，全名为《苕溪渔隐丛话》，南宋胡仔撰。

数寻，碧油煎出嫩黄深。夜来春睡无轻重，压匾佳人缠臂金。"寒具①乃撚头也，出刘禹锡佳话。过子②忽出新意，以山芋作玉糁羹，色香味皆奇绝，天酥陀则不可知，人间决无此味也。诗云："香似龙涎仍酽白，味如牛乳更全清，莫将南海金齑鲙，轻比东坡玉糁羹。"诚斋③《菜羹诗》亦云："云子香抄玉色鲜，菜羹新煮翠茸纤。人间脍炙无此味，天上酥陀恐尔甜。"

宋太宗命苏易简讲《文中子》，有杨素遗子《食经》"羹藜含糗"之说，上因问："食品何物最珍？"对曰："物无定味，适口者珍。臣止知齑汁为美。臣忆一夕寒甚，拥炉痛饮，夜半吻燥。中庭月明，残雪中覆一齑盂，连咀数根。臣此时自谓上界仙厨鸾脯凤胎殆恐不及。屡欲作冰壶④先生传，纪其事，因循未果也。"上笑而然之。

唐刘晏⑤五鼓入朝，时寒中，路见卖蒸胡饼⑥处热气腾辉，使人买，以袍袖包裙褐底啖。谓同列曰："美不可言。"此亦物无定味，适口者珍之意也。

倪正父⑦（思）云：鲁直⑧作《食时五观》，其言深切，可谓知惭愧者矣。余尝入一佛寺，见僧持戒者，每食先淡吃

①寒具：即馓子。
②过子：苏东坡长子名过。
③诚斋：宋诗人杨万里，字诚斋。
④冰壶：盛冰的玉壶，比喻清白纯洁。典出鲍照《白头吟》"直如朱丝绳，清如玉壶冰"。
⑤刘晏：唐南华人，为一时之理财能手。
⑥胡饼：即胡麻饼。
⑦倪正父：名倪思，字正甫（甫与父通）。南宋孝宗时进士。宁宗朝曾任礼部尚书。
⑧鲁直：即黄庭坚，字鲁直。

三口，第一，以知饭之正味，人食多以五味杂之，未有知正味者。若淡食，则本自甘美，初不假外味也；第二，思衣食之从来；第三，思农夫之艰苦。此则五观中已备其义。每食用此为法，极为简易。且先吃三口，白饭已过半矣，后所食者虽无羹蔬，亦自可了，处贫之道也。

王逢原《思归赋》云：吾父八十，母发亦素[1]。尚尔为吏，夐焉遐路[2]。嗷嗷晨乌，其子反哺[3]，我岂不如？郁其谁诉？惟秋之气，惨慄[4]感人。日兴愁思，侧睨江滨。忆为童子，当此凛辰，百果始就，迭进其珍。时则有紫菱长腰，红芡圆实，牛心绿蒂之柿，独包黄肤之栗，青芋连区，乌稗[5]五出，鸭脚[6]受彩乎微核，木瓜镂丹而成质，青乳之梨，赪[7]壶之橘，蜂蛹醃醢，槟楂渍蜜。膳羞则有交乌青鸟[8]野雁，泽凫[9]鸣鹑，清江之膏蟹，寒水之鲜鳞，冒紫姜，杂以荽首，觞浮荚菊[10]，俎荐菁韭[11]。坐溪山之松篁[12]，扫门前之桐柳。僮仆不

①母发亦素：母亲的头发也白了。
②夐（xiòng）焉遐（xiá）路：夐通"迥"，远。即路途遥远。
③嗷嗷晨乌，其子反哺：传说乌鸦至孝，当老乌失捕食能力，小乌则反过来哺养老乌。
④慄（lì）：恐惧发抖。
⑤乌稗（bài）：即乌金草，花萼五出。
⑥鸭脚：指鸭脚木，花小，白色，芳香，其子微小。
⑦赪（chēng）：红色。
⑧交乌青鸟：即鸬鹚，俗称鱼鹰。
⑨泽凫（fú）：水泽中的野鸭。
⑩觞（shāng）浮荚菊：酒器中飘浮着茱萸菊花。即九月秋高气爽时所饮美酒。
⑪俎荐菁韭：几案上供有芜菁和香韭。
⑫松篁：青松翠竹。

哗，图书左右。或静默以终日，或欢言以对友。信吾亲之所乐，安间里①其滋久。切切余怀，欲辞印绶。固非效渊明之褊心，耻折腰于五斗。

【译】孙思邈说，脾脏能像母亲一样滋养其他内脏，养生家把它称作黄婆。司马子微教导人们保存脾土的黄气，使它进入泥丸之宫，因此达到长生。太仓公淳于意说，安于米谷为食，这样就能超过寿限（即应该活到的年岁）；不能安于米谷为食，这样就达不到寿限。因此可知只有脾胃安全强固，才会百病不生。江南有一位老人，已经七十三岁了，仍强壮如同少年。人们问他养生的诀窍，他说："没有其他方法，我平生不习惯于喝汤喝水。平常人每天喝水几升，我每天减少几合，只不过沾沾嘴唇而已。脾胃不喜欢湿，喝水少则胃强，胃气盛则胃液运行，自然不湿。有时候走很远的路，也不想喝水。"这可以说是很重要的言论。

要按时间吃饭喝水，饥饱要适中，水与谷发生变化，胃气充实融和，精血因此产生，营养成分得以运行，五脏六腑调和平衡，精神心志安怡宁静，正气充实在内部，元真通会在外部，内外邪灾之气不能侵犯，一切病患便无从发作。

饮食之宜：应当是等饿了才进食，吃东西要细细地咀嚼；不要等喉咙焦渴才饮水，喝水要慢慢地下咽。不要等饿极了才进食，吃可不可太饱；不要觉得渴极了才饮水，饮水不要

①间里：乡里邻居。

太频繁。吃的要精细，喝的要温热。

太乙真人《七禁文》第六篇说：精美的饮食，保养胃气。彭鹤林说：脾为五脏之一，胃为六腑之一，脾胃二气互为表里。胃是水谷的大海，主管接受水谷。脾居中央，磨碎消化掉，变化为血气，来滋养全身，灌溉到五脏。所以修身养生的有识之士不可以不使他的精美食品。所谓精美，并不是说水陆齐备、奇异珍贵，主要在于生冷的不吃，粗硬的不吃，不要勉强进食，不要勉强饮水。要在饥饿之前进食，吃得不过分饱；在口渴之前喝水，喝得不过分多。如同孔子所说的食品久放而发臭变味，鱼腐烂肉败坏不要吃，等等。所有这几个方面，都是损伤胃气的，不但致病，而且伤及性命。想要长寿，这些都应当深深警惕，这也是供养老人侍奉亲长和愉快自养的人所应当知道的。

黄山谷说：把同州的羊羔蒸得烂熟，灌上杏仁酪，吃的时候用汤匙不用筷子。南阳拨心面做成槐芽温拌面条，加上襄阳乳猪，再做用共城香稻做垫底蒸出来的子鹅，吴兴厨师所研制的松江鲈鱼脍，然后用庐山康王谷水烹曾坑斗品茶。稍过一会儿，再解开衣服仰卧，叫人诵读东坡前后《赤壁赋》，也是可以开怀一笑了。这虽然是黄山谷的寓言，但可以想象到这些食品味道之鲜美，怎么能把它们聚集起来，作为侍奉老一辈的美食呢？

苏东坡的《老饕赋》说：庖丁拿起厨刀切割，易牙烹熬菜肴，水要新取，锅要洁净，灶火不用陈的，薪柴不用朽木，九蒸九曝，才干燥成功，在锅里滚一百次成百沸汤。品尝猪脖上最好吃的一块肉，咀嚼霜前的肥蟹。樱桃在蜂蜜中煎得烂熟，羊羔用杏酪蒸得冒气。蛤蜊半熟尚有酒渍，螃蟹经糟还在半生。把各种美食都聚集起来，供养我这个贪吃之辈。那温柔的美女，颜面艳如桃李，弹起湘妃的玉瑟，奏起天女的云璈，让如仙人萼绿华般的美人，随着古曲《郁轮袍》翩翩起舞。举起南海的玻璃杯，斟上凉州的葡萄酒。祝愿先生高寿，分剩下的美酒给侍童。等到美人两颊泛起红潮，温馨的乐曲弹奏起来，忽然听到一串串珍珠似的妙曲，像剥茧抽丝一样悠长。可怜手弹累了稍稍休息，疑是嘴唇干燥而应涂些唇膏。倒一缸雪花奶酒，摆上百栌的杯盘，各个眼睛水汪汪亮如秋水，都为春醪美酒醉倒，像骨头都酥了一样。美人们告辞离去，不一会儿就像云那样四散了。先生这才像和尚逃避参禅似的从醉意中解脱出来。在松树下煮茶，听松风茶响，持兔毫在雪花笺上挥洒自如。于是先生一笑而起，感到天高海阔的逍遥自在。

吴郡的鲈鱼脍，在八九月下霜时制作，把三尺以下鲈鱼切作鱼肉丝，浸洗之后用布包裹，水气沥晾干净，把鱼丝散放在盘子中，再取香柔花叶相间，细细切好与肉丝相和，拌均匀。下霜时的鲈鱼肉白如雪，而且不带腥味，人称之金齑玉鲙，是东南的佳味。

《酉阳杂俎》说：各种食品有萧家的馄饨，沥去的馄饨汤不肥腻，可以煮茶。庾家粽子洁白精莹如玉。韩约做樱桃䭔饠，做出来樱桃的颜色不变，还能做冷胡突鲙、鳢鱼臆、连蒸鹿、麞皮索饼。将军曲良翰能做驴鬃驼峰炙。

何胤在美味方面很奢侈，每次吃饭，面前摆列的食物有一方丈之多。后来稍有减少，还要吃白鱼、黄鳝腊、糖蟹。钟岏议论说：鳝鱼在腊制的时候，骤然间一伸一屈；螃蟹在糖制的时候，躁动困挠尤甚。仁慈的人都深怀恻隐的心肠。至于蚌蜃、蚶蛎，内缺眉目，浑沦一体，奇形怪状之极，外则口唇紧闭，却并非铜人那样慎于言辞。既不繁茂也不憔悴，连草木都不如。没有声音和气息，同瓦砾有何区别？所以适宜长久地充当庖厨用品，永远做人嘴中的食物。

后汉茅容，字季伟，郭林宗曾在他家住宿。到日早晨，茅容杀鸡做菜肴，林宗认为是为自己做的，过一会儿茅容却只用鸡来供养母亲，自己与林宗一起吃蔬菜下饭。林宗因而起身拜茅容说："您真是大贤啊！"后来茅容终于因为孝行成为有品德高雅的人。

《苕溪渔隐》说：苏东坡常用诗赋来描写饮食的情形，往往达到非常美妙的程度，如《老饕赋》《豆粥诗》就是如此。《豆粥诗》说："江边芦苇开花一片白，如同千顷落雪，茅草屋的檐下，晨炊的烟飘出。地下石碓舂出的粳米光洁如玉，沙瓶煮豆软熟如同酥酪。我这衰老的身躯没有着落，把书卖掉来此赁房住下。平卧在床上听到鸡叫豆粥也熟了，蓬着头拖着鞋忙到您家去（吃粥）。"又有《寒具》诗说："纤细的手搓出的玉条有几寻长，绿油煎出来的寒具嫩黄色深透出来，就好像春天夜睡朦胧不知轻重，把佳人缠臂的金环压扁了。"寒具就是馓头，典故出自刘禹锡的《佳话》。苏过这小子忽然拿出新主意，用山芋做成玉糁羹，颜色香气口味都奇妙极了，天酥陀不知是什么，人间绝不会有这样的美味啊！诗云："香气像龙涎香还要浓白，味道像牛奶更加清新，不要把南海的金齑玉脍来随意比拟，更美的是东坡玉糁羹。"杨万里《菜羹诗》也说："云子香抄像美玉一样颜色新鲜，菜羹刚煮熟如绿苷般纤细。人间脍炙没有这样的美味，天上酥陀恐怕比不上你甜。"

宋太宗叫苏易简讲解《文中子》，书中有杨素留给儿子的《食经》中"羹藜含糗"的说法。太宗因而问他："食品中什么东西最珍贵？"回答说："食物没有固定的味道，适合人口味的最珍贵。臣下只知道泡菜汁味道最美。臣下记得一天晚上非常寒冷，我围着炉子痛快地喝酒，到夜半时嘴唇发干。庭院中月光很亮，残雪中覆盖一个腌菜坛子。我一连咀嚼了几根酸咸菜。臣下这时自言自语，天界里的仙厨做的鸾脯凤胎，也不如这酸咸菜好吃。我多次想作一篇冰壶先生传来记载此事，终因拖拖拉拉未能写成。"宋太宗笑着同意这个说法。

唐朝的刘晏五更上朝，这时正是寒冬，路上看见卖蒸胡饼的店铺热气升腾、灯火辉煌，就派人买来，用袍袖包起，放在裙袄底下吃起来。他对同僚们说："美味不可用言语形容。"这也是"物无定味，适口者珍"的意思。

倪正甫说：黄庭坚作《食时五观》一文，文章论述深刻透彻，可以说是懂得惭愧的人。我曾经到过一座佛寺，看见持戒的寺僧，每次进食先白嘴吃三口，第一，由此得知白饭的正味。人吃饭多数是五味相杂在一起吃，不知道白饭原来的味道，如果白嘴吃，白饭本身就有甘鲜美味，开始时用不着借用外味。第二，可以思考穿的衣服吃的饭是从哪里来的。第三，想一想农夫的艰难困苦。这样，黄庭坚所谓进食时的五观，意义就都有了。每次进食都以此为规则，非常简单易行。况且先吃三口，白饭已经过半了，后边吃的虽然没有蔬菜羹汤，也就可以了，这也是过穷日子的办法啊！

王逢原的《思归赋》说：我父亲八十岁，母亲头发也白了。我还在这里做小吏，还和他们隔着遥远的路途。清晨嗷叫着的乌鸦，它的孩子反过来哺养老的，我难道连乌鸦都不如？这郁积心中的愁绪向谁倾诉？只有这秋天之气，凄惨战栗地感动着如我这样的人。愁闷的思绪日渐增长，只能在江边凝神侧望。回忆起孩童时期，在这秋风凛凛之晨，各种果实开始成熟，不时地有珍品进奉。应时的果品有紫色长腰的菱角，红色圆圆的芡实，牛心似的绿蒂的柿子，独包着黄皮肤的栗子，一畦一畦的青芋，五个花瓣的乌金草，鸭脚树花繁核小，像镂刻丹帡样的木瓜成熟了，青色外皮乳白肉质的梨，红色如壶的橘子，盐腌的蜂蛹，蜜饯的槟榔山楂。餐桌上的菜则有鱼鹰野雁，湖泽中的野鸭和鸣叫的鹌鹑。清江的肥蟹，寒水的鲜鱼。上染紫色的芽姜，杂配上茭白嫩首。酒具里漂浮着茱萸黄菊，几案上供食芜菁香韭。坐在山石溪流青松翠竹之间，打扫门前梧桐杞柳的落叶。僮仆们没有喧哗之声，图书就放在左右。有时就安闲静默地过一整天，有时就欢快地同友人谈论。相信我父母高兴的事情，是与乡邻长久和睦相处。我心中的真情意愿，是辞去官职。这当然不是效法陶渊明的偏颇，只是耻于为微薄的俸禄而屈己事人。

上

卷

茶泉类

论茶品

茶之产于天下多矣，若剑南有蒙顶石花，湖州有顾渚紫笋，峡州有碧涧明月，邛州有火井思安，渠江有薄片，巴东有真香，福州有柏岩，洪州有白露，常之阳羡，婺之举岩，丫山之阳坡，龙安之骑火，黔阳之都濡高株，泸州之纳溪梅岭。之数者，其名皆著。品第之，则石花最上，紫笋次之，又次则碧涧明月之类是也，惜皆不可致耳。若近时虎邱山茶亦可称奇，惜不多得。若天池茶，在谷雨前收细芽炒得法者，青翠芳馨，嗅亦消渴。若真岕茶^①，其价甚重，两倍天池，惜乎难得。须用自己令人采收方妙。又如浙之六安，茶品亦精，但不善炒不能发香而色苦。茶之本性实佳，为杭之龙泓（即龙井也）茶，真者天池不能及也。山中仅有一二家炒法甚精，近有山僧焙者亦妙，但出龙井者方妙，而龙井之山不过十数亩，外此有茶似皆不及。附近假充尤之可也，至于北山西溪俱充龙井，即杭人识龙井茶味者亦少，以乱真多耳。意者天开龙井美泉，山灵特生佳茗以副之耳，不得其运者，当以天池、龙井为最，外此，天竺、灵隐，为人弁之次，临安、于潜生于天目山者，与舒州同，亦次品也。茶自浙以北皆较胜，

---

① 岕（jiè）茶：产于浙江长兴境内。因在宜兴、罗解两山之间，故名。又因原种者为罗姓，也叫罗茶或罗岕茶。

惟闽广以南，不惟水不可轻饮，而茶亦宜慎。昔鸿渐^①未详岭南诸茶，乃云岭南茶味极佳，孰知岭南之地多瘴疠之气，染着草木，北人食之，多致成疾，故当慎之。要当采时，待其日出山霁，雾障山岚收净，采之可也。茶团、茶片皆出碾磑^②，大失真味。茶以日晒者佳甚，青翠香洁，更胜火炒多矣。

【译】天下出产茶叶的地方太多了，如剑南有蒙顶石花，湖州有顾渚紫笋，峡州有碧涧明月，邛州有火井思安，渠江有薄片，巴东有真香，福州有柏岩，洪州有白露，常州的阳羡，婺州的举岩，丫山的阳坡，龙安的骑火，黔阳的都濡高株，泸州的纳溪梅岭。这些茶非常有名。如果讲它们的品质等级，则以石花茶为最高，紫笋茶居次，又次的就是碧涧明月茶之类了，可惜都无法得到罢了。譬如近时虎丘山的茶也可以称得上奇特了，可惜不能多得。像天池茶，在谷雨前采收它的嫩细芽并且炒制得法的，颜色青翠，香味芬芳，用鼻子嗅一嗅也解渴。再如真正的芥茶，价位很高，两倍于天池茶，可惜难以得到，必须要自己派人去采摘最好。另像浙江的六安茶，茶的品质也相当精美，但不善于炒制就发不出香味而且颜色也不好。茶的本性实在好的，是杭州的龙泓（即龙井）茶，只要是真货，天池茶也赶不上。山里面只有一两家炒制方法精当。近来有山僧烤制茶叶也很妙，但要真正出产在龙井的才叫好，而龙井的茶山不过十来亩，除此之外所产的茶似乎

---

① 鸿渐：陆鸿渐，即著《茶经》之陆羽，字鸿渐。
② 碾（niǎn）磑（wèi）：碾子、石磨。

都不如龙井。附近出的茶假冒龙井还可以，甚至北山西溪都冒充龙井，就是杭州人能识别龙井茶味的也很少，就是因为以假乱真太多的缘故。我的意思是，上天开了龙井这样的美泉水，山神就特别让好茶叶来与龙井相配。不能从外地运来更好的茶，那就应当以天池、龙井二茶为最好，此外，天竺、灵隐茶为次等了，而临安的茶、于潜的茶，还有产于天目山中的茶，与舒州产的相同，也是次等的。茶叶产自浙江以北品质都比较好，只有福建、广东以南，不仅水不能随便喝，喝这里出产的茶也应该慎重。当年陆羽不清楚岭南各种茶的品质，就说岭南的茶叶味道极好。谁不知岭南这个地方瘴疠之气很多，会传染给草木，北方人吃了，多数得病，所以对饮该地的茶叶要慎重。要采收的时候，就等太阳出来了山区晴朗，原来的雾霭笼障已经散尽，此时采收就可以了。茶团、茶片都出自碾子石磨，大大失去原有的真味。茶叶以日晒的最好，可以保持青翠和香洁，比用火烤干的品质要优越很多。

采茶

团黄有一旗一枪之号，言一叶一芽也。凡早取为茶，晚取为荈[1]，谷雨前后收者为佳，粗细皆可用，惟在采摘之时天色晴明，炒焙适中，盛贮如法。

【译】名贵的团黄茶有"一旗一枪"的称号，说的是一个叶一个芽。凡是早采摘的叫茶，晚采摘的就叫荈了。春天

---

[1]荈（chuǎn）：即晚采的茶。

谷雨前后采收的最好，粗的细的都可以饮用。只是在采摘的时候，天空要晴朗明净；制作时，炒和焙要火候适中，盛装贮存要依传统方法。

藏茶

茶宜箬叶而畏香药，喜温燥而忌冷湿，故收藏之家以箬叶封裹入焙中，两三日一次。用火当如人体温，温则去湿润，若火多则茶焦不可食矣。

又云以中坛盛茶叶，十觔一瓶，每年烧稻草灰入大桶，茶瓶座桶中，以灰四面填桶，瓶上覆灰，筑实。每用拨灰，开瓶取茶些少，仍复覆灰，再无蒸坏，次年换灰为之。

又云空楼中悬架，将茶瓶口朝下放，不蒸。原蒸自天而下，故宜倒放。

若上二种芽茶，除以清泉烹外，花香杂果俱不容入。人有好以花拌茶者，此用平等细茶拌之，庶茶味不减，花香盈颊，终不脱俗，如橙茶。莲花茶，于日未出时，将半含莲花拨开，放细茶一撮，纳满蕊中，以麻皮略絷，令其经宿，次早摘花，倾出茶叶，用建纸包茶，焙干。再如前法，又将茶叶入别蕊中，如此者数次，取其焙干，收用，不胜香美。

木樨、茉莉、玫瑰、蔷薇、兰蕙、橘花、栀子、木香、梅花皆可作茶。诸花开时，摘其半含半放，蕊之香气全者，量其茶叶多少，摘花为伴。花多则太香而脱茶韵，花少则不香而不尽美，三停茶叶一停花，始称。假如木樨花，须去其枝蒂及尘垢虫蚁，用磁罐，一层花，一层茶，投间至满，纸箬絷固，入锅，重汤煮之，取出，待冷，用纸封裹，置火上焙干，收用。诸花仿此。

【译】茶叶的收藏铺垫，用箬竹叶子最合适，而怕有香味的铺垫物，喜欢温暖干燥而忌避寒冷潮湿，所以收藏茶叶的人家会用箬竹叶包裹起来微火烘烤，两三天一次。用火的标准，应当像人身体的温度，这种温度就可以除去茶叶的潮湿水分，如果火过了就会造成茶叶焦枯，不能再用了。

又一说，用中等大小的坛子盛茶叶，每十斤一瓶，每年烧稻草灰装入大桶中，盛茶叶的瓶子放在桶中，稻草灰从四面填满桶，瓶子上面也盖上灰，压实。每次使用时，拨开灰，打开瓶，取出少许茶叶，然后，再盖好灰。这样，就不会再因受潮而损坏。第二年，换一下稻草灰即可。

又一说，在空楼里悬挂一个架子，把茶瓶口朝下置放，不会受潮，因为潮气是自上而下的，所以瓶子应该倒放。

以上两种嫩芽茶叶，除了用清泉水来烹煮以外，香花和各种果品都不能掺入。有的人喜欢用花拌茶叶，是用同等的细茶来拌，可以茶味不减，又有花香味盈频，终归不能说是脱俗，譬如橙花茶。制作莲花茶，要在太阳未出的时候，把半开半含的莲花拨开，放入一撮细茶，灌满花蕊，用麻皮轻轻拢住，让它经过一夜，第二天早晨摘下此花，把茶叶倒出来，用建纸包好，焙干。再用前边所说的方法，把茶叶倒入其他花蕊之中，这样做许多次，取其茶焙干，收起来饮用，有难以形容的清香优美。

木樨、茉莉、玫瑰、蔷薇、兰蕙、橘花、栀子、木香、梅花都可以作茶。这些花开放的时候，选择那些半含半放、花蕊香气饱满的花，根据茶叶的多少，摘下来和茶拌在一起。花太多就太香了，而失去了茶叶的味道；花太少就不香，不能尽善尽美。三分茶叶一分花，刚合适。假如是木樨花，必须去掉它的枝叶和花蒂以及灰尘垢迹虫子蚂蚁，用瓷罐，一层花，一层茶，放到罐满，再用纸或箬叶捆结实，放进锅里，以大量的水来煮，取出，等待冷却后，再用纸封闭包裹，放在火上焙干，收起来备用。其他花也都照这个方法。

煎茶四要

一择水

凡水泉不甘，能损茶味，故古人择水最为切要。山水上，江水次，井水下。山水乳泉漫流者为上，瀑涌湍急，勿食，食久令人有颈疾。江水取去人远者。井水取汲多者。如蟹黄浑浊咸苦者，皆勿用。若杭湖心水、吴山第一泉、郭璞井、虎跑泉、龙井、葛仙翁井俱佳。

【译】水泉的品质不甘冽，就会损伤茶的本味，所以古代人选择用水是最关键的。山泉水最好，江河水次之，井水最差。山泉水以如乳之泉涌出流淌的最好，瀑布腾涌流急的，不要饮用，长时间饮用颈部会患病。江河水应该取用距离人烟较远的，井水则要选取大家都汲用的，像蟹黄似的浑浊、咸苦的，都不能用。像杭州西湖中心的水、吴山第一泉、郭璞井、虎跑泉、龙井、葛仙翁井，都是好水。

二洗茶

凡烹茶先以热汤洗茶叶，去其尘垢冷气，烹之则美。

【译】凡是要烹煮茶叶，应先用热水洗茶叶，以去掉茶叶上沾染的尘垢物和冷气。这样，烹煮出来的茶味道才美。

三候汤

凡茶须缓火炙、活火煎。活火谓炭火之有焰者。当使汤无妄沸，庶可养茶。始则鱼目散布，微微有声；中则四边泉涌，俄俄连珠；终则腾波鼓浪，水气全消，谓之老汤。三沸之法非活火不能成也。最忌柴叶烟熏煎茶，为此《清异录》云五贼六魔汤也。

凡茶少汤多则云脚散，汤少茶多则乳面聚。

【译】凡是茶叶必须慢火烤、活火煎。所谓活火就是有火苗的炭火。不要使水沸腾太过，这样才可以养茶。开头水面有像鱼眼一样的小泡散布，微微有些声音；中间四边如同泉水涌动，泛起一串串的连珠；最后就像波浪一样翻腾，水气全部没有了，这叫作老汤。三番煮沸的办法不用活火是达不到那个程度的。最应忌避的是用带叶的柴禾烟熏火燎地煎茶，因此《清异录》上把这种方法煎出来的茶叫作五贼六魔汤。

凡是茶少水多，则茶叶分散；水少茶多就会在茶水表面聚集像乳脂一样的东西。

四择品

凡瓶要小者，易候汤。又点茶注汤相应。若瓶大啜存，停久味过，则不佳矣。茶铫茶瓶磁砂为上，铜锡次之。磁壶注茶，砂铫煮水为上。《清异录》云，富贵汤当以银铫煮汤，佳甚。铜铫煮水、锡壶注茶次之。

茶盏惟宣窑坛盏为最，质厚白莹，样式古雅。有等宣窑印花白瓯，式样得中而莹然如玉。次则嘉窑，心内茶字小盏为美。欲试茶色黄白，岂容青花乱之？注酒亦然。惟纯白色器皿为最上乘品，余皆不取。

【译】凡是茶瓶要小一些的，茶叶容易泡开。而且泡茶的量与注水的量要相应。如果瓶子大，剩下茶水，放久了味道就不好了。茶壶、茶瓶以瓷质和砂质的最好，铜的、锡的次一些。以瓷壶泡茶，砂壶煮水为上。《清异录》说，富贵汤用银壶来煮，很好。铜壶煮水、锡壶沏茶差一些。

茶杯只有宣窑的坛盏为最好，质地丰厚又白莹如玉，样式古雅。宣窑的印花白瓯，式样适中而像玉一样晶莹。其次就是嘉窑，杯内中间有茶字的小盏很漂亮。如果想试茶水颜色是黄是白，怎么能容青花瓷造成混乱呢？注酒的容器也如此，只有纯白色器皿才是为最上乘的，其余的都不可取。

试茶三要

一涤器

茶瓶茶盏茶匙生铓^①致损茶味，必须先事洗洁则美。

【译】茶瓶、茶杯、茶匙生了茶锈，会损坏茶的味道，必须先把它们清洗干净才好。

二熁盏^②

凡点茶先须熁盏令热，则茶面聚乳，冷则茶色不浮。

【译】凡是泡茶首先必须把茶杯靠近火让它热起来，这样茶水表面便会凝聚一层乳脂，如果茶杯是冷的，茶的颜色就不能很好体现。

三择果

茶有真香，有佳味，有正色，烹点之际不宜以珍果香草杂之。夺其香者，松子、柑橙、莲心、木瓜、梅花、茉莉、蔷薇、木樨之类是也；夺其味者，牛乳、蟠桃、圆眼、枇杷之类是也；夺其色者，柿饼、胶枣、火桃、杨梅、橙橘之类是也。凡饮佳茶，去果方觉清绝，杂之则无辩矣。若欲用之，所宜核桃、榛子、瓜仁、杏仁、榄仁、栗子、鸡头、银杏之类，或可用也。

【译】茶叶有它本身的香味，有好的味道，有漂亮的颜色，烹煮泡制的时候不应当掺杂珍果、香草。能掩盖茶的

---

① 铓（xīng 或 shēng）：原指铁锈，此处指茶锈。

② 熁（xié）盏：靠近火烤干。

本香的，有松子、柑橙、莲心、木瓜、梅花、茉莉、蔷薇、木樨之类；能掩盖茶的本味的，有牛奶、蟠桃、圆眼、枇杷之类；能掩盖茶的本色的，有柿饼、胶枣、火桃、杨梅、橙橘之类。凡饮好茶，除去果类才能感受它的清新绝妙，掺杂别的东西就辨别不出来了。如果一定要用，大概核桃、榛子、瓜仁、杏仁、榄仁、栗子、鸡头、银杏等，也许可以。

茶效

人饮真茶，能止渴消食，除痰少睡，利水道，明目，益思（出《本草拾遗》），除烦去腻。人固不可一日无茶，然或有忌而不饮。每食已，辄以浓茶漱口，烦腻既去，而脾胃不损。凡肉之在齿间者，得茶漱涤之，乃尽消缩，不觉脱去，不烦刺挑也，而齿性便苦，缘此渐坚密，蠹毒①自己矣。然率用中茶（出苏文）。

【译】人饮用真正的茶叶，能止渴消食，除痰，少睡，通利尿道，明彻眼目，有益思维（出于《本草拾遗》），解除烦扰，排去油腻。人当然不可以一天不喝茶，然而，也有为了避免不良后果而不喝茶的。每次吃完东西，就用浓茶漱口，烦杂油腻已经除去，而脾胃还不受损伤。凡是有肉渣夹在牙齿中间的，用茶水漱洗，就能削减缩小，不知不觉间掉了，不必麻烦用东西来挑除，而且牙齿本性适合于苦味，因此常饮苦茶能使牙齿逐渐坚固紧密，蛀虫的毒害自然没有了。

①蠹（dù）毒：像蛀虫一样的毒害。

当然这要使用中等茶叶（出于苏东坡文）。

茶器

茶具十六器，收贮于器局，供役苦节君者，故立名管之，盖欲归统于一，以其素有贞心雅操而能自守之也。

商象（古石鼎也，用以煎茶）。

归洁（竹筅帚也，用以涤壶）。

分盈（杓也，用以量水斤两）。

递火（铜火斗也，用以搬水）。

降红（铜火筯也，用以簇火）。

执权（准茶秤也，每杓水二斤，用茶一两）。

团风（素竹扇也，用以发火）。

漉尘（茶洗也，用以洗茶）。

静沸（竹架，即《茶经》支腹也）。

注春（临瓦壶也，用以注茶）。

运锋（劖①果刀也，用以切果）。

甘钝（木碪墩也）。

啜香（磁瓦瓯也，用以啜茶）。

撩云（竹茶匙也，用以取果）。

纳敬（茶橐也，用以放盏）。

受污（拭抹布也，用以洁瓯）。

【译】喝茶工具有十六种，收纳在器局中，都服务于苦

---

① 劖（chán）：凿开，切断。

节君，因而给它们一一取名方便管理，也是想把它们归统一处，因为它们一向具有贞心雅操而又能自守不变。

商象（也就是古代的石鼎，用来煎煮茶叶）。

归洁（就是竹刷子，用来洗涤茶壶）。

分盈（就是勺子，用它来衡量水的分量）。

递火（铜制的火斗，用来搬送火炭）。

降红（铜制的火筷子，用来聚拢炭火）。

执权（衡量茶叶的标准秤，每勺水二斤，用茶一两）。

团风（本色的竹扇，点火后用来助燃扇火）。

漉尘（一种小碗，专用来洗茶叶的）。

静沸（竹子做的架子，就是《茶经》上说的"支腹"）。

注春（盛水的瓦壶，用来沏茶）。

运锋（就是切果刀，用来分切水果的）。

甘钝（木制的砧墩）。

啜香（瓷质或陶质的杯子，用来喝茶）。

撩云（竹质的茶匙，用它来取果实）。

纳敬（竹质的茶托，用来置放茶杯）。

受污（擦拭的抹布，用来清洁茶杯）。

总贮茶器七具

苦节君（煮茶竹炉也，用以煎茶，更有行者收藏）。

建城（以箬为笼，封茶以贮高阁）。

云屯（磁瓶，用以杓泉，以供煮也）。

乌府（以竹为篮，用以盛炭，为煎茶之资）。

水曹（即磁缸瓦缶，用以贮泉，以供火鼎）。

器局（竹编为方箱，用以收茶具者）。

外有品司（竹编圆橦提盒，用以收贮各品茶叶，以待烹品者也）。

【译】苦节君（煮茶用的竹炉，用来煎煮茶水，也有修行佛法的人收藏此物）。

建城（用箬竹做的笼子，把茶叶封存里边，放置于高阁上）。

云屯（瓷瓶，可以舀泉水以供给煎煮茶水）。

乌府（以竹子做成的篮子，用来盛炭，作煎煮茶水的物资）。

水曹（就是瓷质的缸或陶质的缶，用来贮存泉水，供用火烧水壶）。

器局（竹子编成的方形箱子，用来储存各种茶具）。

此外，还有品司（竹子编成的圆形提盒，用来收存贮藏各种品质的茶叶，以待烹煮品尝）。

论泉水

田子艺曰：山下出泉为蒙稚也，物稚则天全，水稚则味全。故鸿渐曰：山水上。其曰乳泉石池慢流者蒙之谓也，其曰瀑涌湍激者则非蒙矣，故戒人勿食。

混混不舍，皆有神以主之故。天神引出万物，而《汉书》

三神，山岳其一也。

源泉必重，而泉之佳者尤重。余杭徐隐翁尝为余言：以凤凰山泉较阿姥墩、百花泉，便不及五泉。可见仙源之胜矣。

山厚者泉厚，山奇者泉奇，山清者泉清，山幽者泉幽，皆佳品也。不厚则薄，不奇则蠢，不清则浊，不幽则喧，必无佳泉。

山不停处，水必不停，若停即无源者矣，旱必易涸。

【译】田子艺说：山石下边出来的泉水是初生稚弱的，物体稚弱则本质天然齐全，泉水稚弱则味道齐全。所以陆鸿渐说：山水为最上等。他说那些初生的泉水缓慢流过石池的就是所谓的稚弱的水，而那些瀑涌湍急的就不是稚弱的了，所以告诫人们不要饮用。

泉水滚滚不见休止，是有神仙掌握的缘故。天上的神仙导引出世间万物，而《汉书》所说的三神，山岳就是其中之一。

泉水源地最被看重，好泉水的源地尤其重要。余杭的徐隐翁曾对我说：用凤凰山的泉水来比较阿姥墩、百花泉，都不如五泉。可见有仙源的重要了。

山厚重的泉水也厚重，山奇特的泉水也奇特，山洁净的泉水也洁净，山幽静的泉水也幽静，这都属于上好的品质。不厚重就是轻薄，不奇特就是蠢笨，不洁净就是污浊，不幽静就是喧闹，这些地方必定没有好泉水。

山势不停止的地方，泉水也必不停止，如果停止就是没有源头了，干旱的时候就容易干涸。

石流

石，山骨也，流，水行也。山宣气以产万物，气宣则脉长，故曰山水上。《博物志》[①]曰："石者金之根，甲石流精以生水。"又曰："山泉者，引地气也。"

泉非石出者必不佳，故《楚辞》云："饮石泉兮荫松柏。"皇甫曾送陆羽诗："幽期山寺远，野饭石泉清。"梅尧臣《碧霄峰茗诗》："烹处石泉嘉。"又云："小石冷泉留早味。诚可为赏鉴者矣。"

泉往往有伏流沙土中者，挹之不竭即可食，不然，则渗潴之潦[②]耳，虽清勿食。

流远则味淡，须深潭停蓄以复其味，乃可食。

泉不流者，食之有害。《博物志》云："山居之民瘿肿疾，由于饮泉之不流者。"

泉涌出曰濆[③]，在在所称珍珠泉者皆气盛而脉涌耳，切不可食。取以酿酒或有力。

泉县出曰沃，暴溜曰瀑，皆不可食。而庐山水帘、洪州天台瀑布皆入水品，与陆经[④]背矣。故张曲江[⑤]《庐山瀑布

①《博物志》：晋张华撰。

②渗潴（zhū）之潦（láo）：渗透聚积的雨水。

③濆（pēn）：泉水从地下向天涌出。

④陆经：陆羽《茶经》的简称。

⑤张曲江：唐朝张九龄，玄宗时的宰相，诗人，因他是韶州曲江（今广东省韶关附近的曲江）人，所以称张曲江。

诗》："吾闻山下蒙，乃今林蛮表，物性有诡激，坤元易纷矫。默然置此去，变化谁能了。"则识者固不食也。然瀑布实山居之珍箔锦幙也，以供耳目，谁曰不宜?

【译】石，是山的骨骼，流，是水在行走。山宣泄出气产生万物，气畅则脉胳绵长，所以说山水为上。《博物志》说："石是金的根源，石间流出的精华就是泉水。"又说："山泉，引领着地气。"

泉水不是从山石间涌出的必定不好，所以《楚辞》说："我在松柏树荫下饮用石间的泉水。"皇甫曾送给陆羽的一首诗："隐居要在偏远的山寺,进食当有清冽的石泉水。"梅尧臣的《碧霄峰茗诗》说："烹煮茶水以山石间流泉最好。"又说："小山石流出的凉泉水留有清晨的味道。"这些话的确可以说是对石泉水质的赞赏了。

泉水往往有潜伏在沙土之中的，舀不尽就可以饮用，不然的话，就是雨水渗下积聚起来的，虽然清沏，也不能饮用。

水流得很远味道就平淡，必须经过深潭积存恢复本味以后，才可以饮用。

不流动的泉水，喝了会有害处。《博物志》说："山居的民众易患颈部生大肿块的病，是由于饮用不流动的泉水所致。"

泉水涌出叫濆，各处所说的珍珠泉，都是由于气脉旺盛而涌出来的，切不可饮用。拿它酿酒也许很有劲。

泉水悬空出来叫沃，猛急流出叫瀑，都不可饮用。而庐山上的水帘、洪州天台山的瀑布都已进入好水的行列，这和陆羽的《茶经》是相背离的。所以张曲江的《庐山瀑布诗》说："我看到当年山下萌发的幼苗，如今已是山林的植被了。物性本来就是奇异变化的，大地万象不能不改观。人只能默然置之，事物的变化谁可知晓。"这样看来，有知识的人是不饮用庐山瀑布水的。但对于在山里隐居的人来说，瀑布是宝贵的珍珠帘笼和锦绣帏帐，作为耳目享受，谁说不适当呢？

清寒

清，朗也，静也，澂水之貌；寒，冽也，冻也，覆水之貌。泉不难于清而难于寒，其濑峻流驶而清，岩奥阴积而寒者，亦非佳品。

石少土多，沙腻泥凝者，必不清寒。

蒙之象曰果，行井之象曰寒。泉不果则气滞而光不澄，寒则性燥而味必啬。

冰，坚冰也，穷谷阴气所聚，不洩则结而为伏阴也。在地英明者惟水，而冰则精而且冷，是固清寒之极也。谢康乐[1]诗：凿冰煮朝飧。《拾遗记》："蓬莱山冰水，饮者千岁。"

下有石硫磺者发为温泉，在在有之。又有共出一壑半温半冷者，亦在在有之。皆非食品。特新安黄山朱砂汤泉可食。《图经》云黄山旧名黟山，东峰下有朱砂汤泉可点茗，春色微红，

①谢康乐：南朝刘宋诗人谢灵运，晋时袭封康乐公，故称谢康乐。

此则自然之丹液也。①《拾遗记》："蓬莱山沸水，饮者千岁。"
此又仙饮。有黄金处水必清，有明珠处水必媚，有子鲋处水
必腥腐，有蛟龙处水必洞黑微恶，不可不辩也。

【译】清，就是明朗，安静，澄清之水的样子；寒，就
是凛冽，冻冷，是结冰之水的样子。泉水清比较容易，难的
是寒。从高山沙石间流过来而变清的水，在岩石深处背阴而
变寒的水，也不是好水。

石头少，土壤多，经过沙腻泥泞之处，必然达不到清寒。

万物萌生时候的表象是结果，流水之井的形象是寒冷。
泉水没有结果，它的气脉阻塞有光亮而不澄清，寒则水性急
而味道必涩。

冰，是坚硬的水，是深谷的阴气所凝聚，还未能流动便
凝结起来伏之于阴处。地上的精华只有水，而冰则是水的精
华而且冷，因而清寒之极。谢康乐的诗说："凿冰煮早餐。"
《拾遗记》说："蓬莱山的冰水，饮者可以活到千岁。"

泉水之下有石硫磺的就成为温泉，这到处都有。又有一
种同出一个山谷却是半温半冷的水，也到处都有。这都不可
以饮用。特别的只有新安郡黄山的朱砂温泉可以饮用。《图
经》：说"黄山旧名黟山，东峰之下有朱砂温泉可以泡茶，
春色微红，这是天然的丹石之液。"《拾遗记》说："蓬莱
山的沸水，饮者可活到千岁。"这又是神仙的饮料了。有黄

①《图经》：即《本草图经》。黟（yī 衣）山：即今安徽黄山。

金的地方水必然是清澈的，有明珠的地方水必然是娇媚的，有小鲫鱼的地方水必然腥腐，有蛟龙的地方水必然颜色暗黑还有些难闻的气味，这些都是需要辨识的。

甘香

甘，美也；香，芳也。《尚书》稼穑作甘黍。甘为香，黍为甘香，故能养人。泉惟甘香，故亦能养人。然甘易而香难，未有香而不甘者也。

味美者曰甘泉，气芳者曰香泉，所在间有之。泉上有恶木，则叶滋根润，皆能损其甘香，甚者能酿毒液，尤宜去之。

甜水以甘称也。《拾遗记》："员峤山北，甜水绕之，味甜如蜜。"《十洲记》①："元洲玄涧水如蜜浆，饮之与天地相毕。"又曰："生洲之水味如饴酪。"

水中有丹者，不惟其味异常，而能延年却疾。须名山大川，诸仙翁修炼之所有之。葛玄②少时为临沅令，此县廖氏家世寿，疑其井水殊赤，乃试掘井左右，得古人埋丹砂数十斛。西湖葛井③，乃稚川炼丹所在，马家园后淘井出石瓮，中有丹数枚，如芡实，啖之无味，弃之。有施渔翁者拾一粒食之，寿一百六岁。此丹水尤不易得。凡不净之器，切不可汲。

煮茶得宜而饮非其人，犹汲乳泉以灌蒿莱，罪莫大焉。饮之者一吸而尽，不暇辩味，俗莫甚焉。

①《十洲记》：全称为《海内十洲记》。旧说为汉东方朔撰，或出六朝方士之手。
②葛玄：三国时吴国道士，道教尊之为"葛仙翁"。
③葛井：即葛洪之井。葛洪，西晋思想家、医药学家，字稚川，自号抱朴子，著有《抱朴子》一书。

【译】甘，就是美好的意思；香，就是芬芳的意思。《尚书》上说：耕作而得到甘甜的黍米。甘衍生出香，黍因为甘香，所以能养人。泉水因为有甘香，所以也能养人。然而，甘比较容易获得而香就难了，没有香而不甘的。

味美的泉水叫甘泉，有芬芳气味的叫香泉，各地都有。泉水上面植有恶木，它的根和叶对泉水渗透感染，都能损害泉水固有的甘香，甚至还会酿成毒液，此类泉水尤其应该弃掉，不可饮用。

甜水都用甘来称呼。《拾遗记》说："员峤山的北面甜水环绕，水甜得就象蜜一样。"《十洲记》说："元洲玄涧的水象蜜浆一样，饮了它，寿命可比天地。"又说："生洲的水味道如同奶酪。"

水里面有丹砂的，不仅仅味道不同寻常，还能延长寿命、除去疾病。但必须是名山大川、各位仙翁修炼的地方才会有。三国葛玄年轻时做过沅县县令，这个县姓廖的家族世世长寿，疑心是他们家的井水有特殊的红色所致，于是发掘井的左右，得到几十斛古代人所埋的丹砂。西湖的葛井，是葛洪炼丹的地方，马家在园后淘井淘出一个石瓮，里面有许多枚丹砂，外形像芡实，吃着没什么味，就抛弃了。有个姓施的打鱼老人拾得一粒吃了，活了一百零六岁。这种丹水尤其难得。凡是不洁净的器具，万不可用来汲取丹水。

茶煮得好但饮茶的人却不懂其中的滋味，就像是汲取乳泉之水去灌溉杂草，罪过简直太大了。喝茶的人举杯一倾而尽，不去品尝它的味道，没有比这更俗气的了。

灵水

灵，神也。天一生水而精明不淆，故上天自降之泽，实灵水也，古称上池之水者，非欤？要之，皆仙饮也。大瓮收藏黄梅雨水、雪水，下放鹅子石十数块，经年不坏。用炭三四寸许，烧红投淬水中，不生跳虫。

灵者，阳气胜而所散也，色浓为甘露，凝如脂，美如饴，一名膏露，一名天酒是也。

雪者，天地之积寒也。《氾胜之书》[①]："雪为五谷之精。"《拾遗记》："穆王东至大骞之谷，西王母来进嵊州[②]甜雪，是灵雪也。"陶穀取雪水烹团茶。而丁谓《煎茶诗》："痛惜藏书箧，坚留待雪天。"李虚己《建茶呈学士诗》："试将梁苑雪，煎动建溪春。"是雪尤宜茶饮也。处士列诸末品，何耶？意者以其味之燥乎？若言太冷则不然矣。

雨者，阴阳之和，天地之施。水从云下，辅时生养者也。和风顺雨，明云甘雨。《拾遗记》："香云遍润，则成香雨，皆灵雨也，固可食。若夫龙所行者，暴雨淫者，旱而冻者，腥而墨者，及簷溜者，皆不可食。"

潮汐近地，必无佳泉，盖斥卤诱之也。天下潮汐惟武林

---

① 《氾胜之书》：汉代农学家氾胜的著名农学著作。
② 嵊（qiǎn 千）州：应为神话中地名。

最盛，故无佳泉，西湖山中则有之。

扬子，固江也，其南泠①则夹石停渊，特入首品。余尝试之，诚与山东无异。若吴淞江，则水之最下者也，亦复入品，甚不可解。

【译】所谓灵，就是神。天一生水，精气明而不浑浊。天上降下的水本就精明清澈，所以上天降下来的雨泽实际就是灵水，古代称其为"天池之水"，难道不是吗？简要地讲，这都是神仙饮用的。用大瓮贮藏黄梅时节的雨水、冬天的雪水，下边放上十几块鹅卵石，经年不坏。用三四寸左右的木炭，烧红了投淬于水中，水中不生跳虫（即孑孓一类）。

所谓灵，就是阳气充沛而有所散发，颜色浓艳如同甘露，凝结像油脂，美味像饴糖，一个名字叫膏露，一个名字叫天酒。

雪是天地寒冷积聚造成的。《氾胜之书》说："雪是五谷的精华。"《拾遗记》中说，喜欢远游的周穆王东到大蛾的山谷，西王母来进贡的嶰州甜雪，就是灵雪。宋初学士陶谷曾用雪水烹煮团茶。而丁谓的《煎茶诗》说"非常可惜藏书的竹箱，应该一直留到下雪天"李虚己《建茶呈学士诗》说："试着把梁苑下的雪，煎煮建溪春茶。"这些都说明雪是很适于煎茶来饮用的。陆羽处士却把雪水列在最末的一品，这是为什么呢？其用意或许是因其性味太燥？如果说它太冷就不对了。

---

① 南泠：今镇江金山附近的中泠泉。唐刘伯刍评之为泉水第一，号称天下第一泉。

雨，是阴阳的融合，天地的施与。雨水从云端落下来，辅助季节，养育万物的，就是和风顺雨，明云甘雨。《拾遗记》说："香云普遍滋润，就成为香雨。这都是灵雨，当然可以食用。"但如果是龙一样游走的雨，连绵不断的暴雨，干旱时落下的冻雨，腥臭而发黑的雨，以及从房檐滴下来的雨水，都不能食用。

离潮汐近的沿海地带，必定没有好泉水，这是因为盐卤充斥，会渗到水中。天下的潮汐只有杭州最为盛大，所以没有好的泉水，而西湖周围的山里面就有了。

扬子，当然是大江了。在镇江金山附近的中泠泉，则是山石之间蓄水形成深潭，唐代刘伯刍特地将其列为首品。我曾经试饮过，的确与金山东边的泉水没什么不同。像吴淞江则是水中最下等的，陆羽也把它们列为有品级的好水，很难理解。

井水

井，清也，泉之清洁者也。通也，物所通用者也。法也，节也，法制居人，令节饮食，无穷竭也。其清出于阴，其通入于淆，其法节由于得已。脉暗而味滞，故鸿渐曰：井水下。其曰：井取汲多者，盖汲多则气通而流活耳，终非佳品。养水，取白石子入瓮中，虽养其味，亦可澄水不淆。

高子曰：井水美者，天下知锺泠泉矣[1]。然而焦山一泉

---

[1] 锺泠泉：即中泠泉。

余曾味过数四，不减锺泠，惠山之水味淡而清，允为上品。吾杭之水，山泉以虎跑为最，老龙井、真珠寺二泉亦甘，北山葛仙翁井水食之味厚。城中之水以吴山第一泉首称，予品不若施公井、郭婆井二水清冽可茶。若湖南近二桥中水，清晨取之，烹茶妙甚，无俟他求。

【译】井，就是清，也就是清洁的泉。也叫通，物品中通用的东西。也有叫法、节的，法可以制约居住的人，使他们节用饮食而不至于没有限度。它的清，出于阴冷，它的通，入于混杂，它的法节，则由于获得之物。井水水脉晦暗而味道滞留，所以陆羽说：井水为下等。他说：饮用井水要选取那些人们都到这里汲水的。由于汲取多就气通而水流鲜活，终归不是好的品次。养水，可以取白石头子放进瓮里，能养它的气味，也可以使水澄清不浑浊。

高子说：井水中美好的，天下都知道是泠泉。然而焦山一泉，我曾品味多次，不差于锺泠泉水。惠山的泉水味淡而清，可说是上品。我们杭州的泉水，山泉以虎跑泉为最好，老龙井、真珠寺两泉也很甘冽，北山葛仙翁井水，味道厚重。城里面的水，大家以吴山第一泉为第一，我品味却觉得不如施公井、郭婆井二水清冽适于泡茶。像西湖南接近二桥地方的水，清晨去取，烹茶好得很，不必再求别的了。

汤品类

清脆梅汤

用青翠梅三斤十二两，生甘草末四两，炒盐一斤，生姜一斤四两，青椒三两，红干椒半两。将梅去核，擘开两片。大率青梅汤家家有方，其分两亦大同小异。初造之时，香味亦同。藏至经月，必烂熟如黄梅汤耳。盖有说焉。一者，青梅须在小满前采，槌碎核去仁，不得犯手，用干木匙拨去，打拌亦然。槌碎之后，摊在筛上，令水略干。二用生甘草。三用炒盐，须待冷。四用生姜，不经水浸，擂碎。五用青椒，旋摘晾干。前件一齐抄拌，仍用木匙抄入新瓶内，止可藏十余盏汤料者，乃留些盐掺面，用双重油纸，再纸紧扎瓶口。如此，方得一脆字也。梅与姜或略犯手。切作丝亦可。

【译】用青翠的梅果三斤十二两，生甘草末四两，炒盐一斤，生姜一斤四两，青辣椒三两，红干辣椒半两。将梅果去掉核，劈成两半。大概做青梅汤各家有各家的方法，所用的比例也大同小异。刚做成的时候，香味也一样。藏过一个月，必然烂熟像黄梅汤了。做青梅汤是有要求的：一、青梅必须在小满之前采摘，敲碎核去掉核仁，不许用手，要用干木匙拨，以后的打、拌也是如此。槌碎之后，摊在筛子上，让水分略微干一些。二、用生甘草。三、用炒盐，必须等冷了。四、用生姜，不要浸水，打碎。五、用青辣椒，摘下晾干。

前述各件放在一起抄拌，还用木匙把它们装进新瓶子里，只可以收藏十多杯汤料的，还留一些盐掺在面上，用双层的油纸，再加一层纸紧扎住瓶口。只有这样，才能得到一个脆字啊。梅果和生姜加工时恐怕要触到手。切作细丝也可以。

黄梅汤

肥大黄梅蒸熟去核，净肉一斤，炒盐三钱，干姜末一钱半，干紫苏二两，甘草、檀香末随意，拌匀置磁器中。晒之，收贮，加糖点服。夏月调水更妙。

【译】个肥体大的黄梅蒸熟去掉核，净梅肉一斤，炒盐三钱，干姜末一钱半，干紫苏叶二两，甘草、檀香末多少可以随意，拌均匀后放在瓷器之中。经过日晒后收藏起来。服用的时候要加一些糖。夏天用来兑水喝就更好了。

凤池①汤

乌梅去仁，留核一斤，甘草四两，炒盐一两，煎成膏。一法：各分三味，杵为末，拌匀，实按入瓶。腊月或伏中②合，半年后，焙干为末，点服。或用水煎成膏亦可。

【译】去仁留核的乌梅一斤，甘草四两，炒盐一两，放在一起，煎成膏状。另外一种方法是：把以上三种物品分成等量的三份，用杵捣之成为末状，搅拌均匀，入瓶按实。腊

---

① 凤池：魏晋时，中书省接近皇帝，称"凤凰池"，简称"凤池"。凤池汤，表示为贵人汤。

② 伏中：即伏天之中。我国称夏至以后第三个庚日为初伏，第四个庚日为中伏，立秋以后第一个庚日为末伏。合称三伏天，为夏季最热的时间。

月或伏天当中合起来，半年之后，再焙干成为末状，用水沏作汤服下。或者用水煎成膏状也可以。

桔汤

桔一斤去壳与中白穣膜，以皮细切，同桔肉捣碎。炒盐一两，甘草一两，生姜一两，捣汁和匀。橙子同法。曝干，密封。取以点汤服之，妙甚。

【译】橘子一斤，去掉外壳和中间白色穣膜，把皮细切，同橘子肉一起捣碎。炒盐一两，甘草一两，生姜一两，都捣成汁液，与橘肉碎末一起调均匀。如果用橙子，用同样方法。晒干，密封。取出泡成汤液服用，味道好得很。

杏汤

杏仁①不拘多少，煮去皮尖②，浸水中一宿，如磨菉粉法，挂去水。或加姜汁少许，酥蜜点。又，杏仁三两，生姜二两，炒盐一两，甘草为末一两，同捣。

【译】杏仁不限多少，水煮再去掉外皮和牙胚，在水中浸泡一晚上，像磨绿豆粉那样，挂起来除去水分。或者加上少量姜汁，加蜂蜜沏水服用。再一法就是用杏仁三两，生姜二两，炒盐一两，甘草末一两，一起捣碎。

茴香汤

茴香椒皮六钱，炒盐二钱，熟芝麻半升，炒面一斤，同

①杏仁宜用甜者，苦杏仁不宜。
②皮尖：指杏仁皮和杏仁的芽胚。

为末，热滚汤点服。

【译】茴香和花椒皮六钱，炒盐二钱，熟芝麻半升，炒面一斤，一起碾作粉末，用热开水沏好服用。

梅苏汤

乌梅一斤半，炒盐四两，甘草二两，紫苏叶十两，檀香半两，炒面十二两，匀和点服。

【译】乌梅一斤半，炒盐四两，甘草二两，紫苏叶十两，檀香半两，炒面十二两，碾成粉状，搅拌均匀，开水沏好服用。

天香汤①

白木樨②盛开时，清晨带露，用杖打下花③。以布被盛之，拣去蒂萼，顿在净器内。新盆捣烂如泥，榨干甚，收起。每一斤加甘草一两，盐梅十个，捣为饼，入瓷坛封固。用沸汤点服。

【译】白色桂花盛开的时候，清晨带着露水，用杖把花打下来，用布被盛着，拣去花蒂花萼，存放在干净容器之中，再用新盆把花捣成烂泥状，再压榨得十分干，收起来。每一斤加甘草一两，盐梅十个，捣碎为饼，放进瓷坛里牢牢地封起来。服用时，用开水沏成汤。

①天香汤：桂花汤的美称。天香指桂花，非指牡丹花。宋之问诗《灵隐寺》："桂子月中落，天香云处飘"即此名出处。
②白木樨（xī西）：即白桂花。
③打下花：将花打落。因花已开败落地，无香气，不能用。所以用杖将未开败之花打落作为原料。

【评】天香汤：刚刚从树上采下来的鲜桂花是不能作为香料供食的。新鲜桂花含有单宁，味苦涩，需经长期贮藏，涩味会减少至消失。若急待食用，可将鲜花放入布袋中，挤去苦水，再用白糖拌匀、压紧并密封于瓶罐中（忌金属容器），放置数天即可食用。若不急，少量桂花有两种腌制方法：其一，糖桂花，桂花适量，用清水漂洗干净，控干水，与同等重量或二倍于桂花的白糖拌匀，装罐中，可成为色、香、味俱佳的糖桂花；其二，盐渍桂花。

以上方法加工的桂花制品，一般可制作甜味糕点和小吃的馅心，或用来煮粥，作为家中各种甜食的增香剂。（佟长有）

暗香汤①

梅花将开时，清旦摘取半开花头，连蒂置磁瓶内，每一两重，用炒盐一两洒之，不可用手漉②坏，以厚纸数重密封，置阴处。次年春夏取开，先置蜜少许于盏内，然后用花二三朵置于中，滚汤一泡，花头自开，如生可爱，充茶香甚。一云：蘸点花蕊，阴干，如上加汁亦可。

【译】梅花将要开的时候，清晨摘取半开的花头，连着花蒂放在磁瓶之中，每一两梅花，洒上一两炒盐，不能用手挤压坏了，用多层厚纸密封起来，放在阴凉地方。第二年春夏两季打开，先放一点蜂蜜在杯中，然后再放进二三朵梅花，

①暗香汤：即梅花汤。语出宋代林和靖《山园小梅》诗："疏影横斜水清浅，暗香浮动月昏黄。"
②漉（lù鹿）：滤过，挤压。

用滚开的水一泡，花头自己就开放了，活生生地非常可爱，当茶泡香得很。还有一种方法：蘸点花蕊，阴干，如上一个方法一样加上汁液也可以。

【评】暗香汤：即梅花茶。暗香是指清幽的香气。古代是采未开的梅花，盐制之，暑日放一二朵于碗中，热水化开，清香扑鼻。（佟长有）

须问汤

东坡居士①歌括云：三钱生姜（干用）一升枣（干用去核），二两白盐（炒黄）一两草②（炙去皮），丁香木香各半钱，约量陈皮一处捣（去白），煎也好，点也好，红白容颜直到老。

【译】东坡居士歌谣概括说：三钱生姜（干用）一升枣（干用去核），二两白盐（炒黄）一两甘草（烤干去皮），丁香木香各半钱，酌量陈皮一处捣（去白），煎也好，泡也好，白里透红的青春容颜直到老。

杏酪汤

板杏仁用三两半，百沸汤③二升浸，盖却，候冷，即便换沸汤。如是五度了④，逐个挦去皮尖，入小砂盆内，细研。次用好蜜一斤，于铫子⑤内炼三沸，看滚掇起。候半冷，旋倾入杏泥，又研，如是旋添，入研和匀，以之点汤服。

---

①东坡居士：即苏东坡，名轼，北宋文学家。

②草：此处指甘草。

③百沸汤：即多次沸滚的开水。

④如是五度了：这样五次做过了。

⑤铫（diào吊）子：一种有柄有流（壶嘴）的小烹器。

【译】取板杏仁三两半，用多次沸腾的开水二升浸泡，盖上盖，等水冷，再换用开水，这样连做五次之后，逐个地把杏仁的皮和芽胚掐掉，把杏仁放进小砂盆里，仔细研磨。再用好蜜一斤，在铫子里烧三开，看着滚开了就提起来，等候半冷之时，把杏泥倾倒进去，再次研磨，这样子不断地添加，在里面研磨并调匀。用它沏水服用。

凤髓汤（润肺疗咳嗽）

松子仁、胡桃肉（汤浸去皮）各用一两，蜜半两。各件研烂，次入蜜和匀，每用沸汤点服。

【译】松子仁、胡桃肉（用水泡去皮）各用一两，蜂蜜半两。把松子仁、胡桃肉研磨烂，再加入蜂蜜调和均匀，每次用开水沏了服用。

醍醐① 汤（止渴生津）

乌梅（一斤搥碎。用水两大碗同熬作一碗，澄清。不犯铁器）、石宿砂②（二两研米）、白檀末（一钱）、麝香（一分）、蜜（三斤）。

又将梅水、石宿砂、蜜三件一处，于砂石器内熬之，候赤色为度。冷定，入白檀、麝香，每用一二匙点汤服。

【译】乌梅（一斤敲碎。用两大碗水，同乌梅同熬成一

---

①醍醐（tí hú 提胡）：古时指从牛奶中提炼出的精华。佛教比喻最高的佛法，如醍醐灌顶，即指向人灌输智慧，使人彻底醒悟。此处以醍醐作汤名，言此汤为至美。
②石宿砂：即砂仁。姜科植物阳春砂或海南砂的种子，性温，味辛，能行气健脾，安胎，主治胸脘胀满，呕吐，食欲不振，胎动不安等症。元明时常用作烹饪调料。

碗左右，然后澄清。不要接触铁器）、石宿砂（二两，研成末）、白檀末（一钱）、麝香（一分）、蜂蜜（三斤）。

把乌梅水、石宿砂、蜂蜜三种料放归一处，在砂石容器中熬，待熬到汤红为限度。汤液冷却之后，再加进白檀、麝香，每次取一二匙，沏成汤水服用。

水芝^①汤（通心气，益精髓）

干莲实（一斤，带皮炒极燥，捣罗^②为细末）、粉草^③（一两微炒）。各为细末，每二钱入盐少许，沸汤点服。莲实捣罗至黑皮如铁，不可捣则去之。世人用莲实去黑皮，多不知也。此汤夜坐过饥，气乏不欲取食，则饮一盏，大能补虚助气。昔仙人务光子服此得道^④。

【译】干的莲花果实（一斤，带皮炒到极干燥，捣作细末，而后用罗子筛为细粉）、优质甘草（一两，稍微炒一下）。这两样都研成细末，每二钱加上少量的盐，用滚开水沏成汤水服用。莲实捣烂并用箩筛直到黑皮像铁的颜色，如果无法捣到此种程度就去掉不用。世人用莲实要去掉黑皮，大多是不知道它的妙用。这个汤，如果夜间打坐很饿的，又缺乏力气不想进食的，就可以饮用一杯，最能够补虚助气。当年仙人务光子就是服用此汤才得道的。

---

①水芝：莲子的别称。

②捣罗：先捣成碎末，再用面罗罗为细粉。

③粉草：即粉甘草，甘草之优质者。

④得道成仙的说法为迷信言辞。

茉莉汤

将蜜调涂在碗中心，抹匀不令洋流。每于凌晨采摘茉莉花三二十朵，将蜜碗盖花，取其香气薰之。午间去花，点汤甚香。

【译】把蜂蜜调涂在碗中心，抹均匀不让乱流。每到凌晨采摘茉莉花二三十朵，用蜜碗把花盖好，这是用茉莉的香气薰染蜂蜜。到中午，把花去掉，将蜜沏成汤，很香甜。

香橙汤（宽中、快气、消酒）

大橙子（二斤，去核，切作片子，连皮用）、檀香末（半两）、生姜（一两，切半片子，焙干）、甘草末（一两）、盐（三钱），各件用净砂盆内碾烂如泥，次入白檀末、甘草末，并和作饼子，焙干，碾为细末，每用一钱，沸汤点服。

【译】大橙子（二斤，去掉核，切成片，连皮一起用）、檀香末（半两）、生姜（一两，切成半片子，焙干）、甘草末（一两）、盐（三钱）。橙子片、生姜片两种，在干净的砂盆里碾磨得烂如泥，然后加进白檀末、甘草末，和起来做成饼子，再焙干，碾作细末。每次取一钱，用开水沏汤服用。

橄榄汤

百药煎[①]（一两）、白芷[②]（一钱）、檀香（五钱）、甘草炙[③]（五钱）。各件捣为细末，沸汤点服。

【译】百药煎（一两）、白芷（一钱）、檀香（五钱）、

---

① 百药煎：即中药五倍子与茶叶等发酵制成的灰褐色言块的中成药，有香气。
② 白芷：中药名。有香味。
③ 甘草炙：即蜜炙甘草。先将蜂蜜由锅熬成膏状，再将粉甘草放入炒制而成。

甘草炙（五钱），将以上药物捣成细粉末，开水沏汤服用。

豆蔻^①汤

治一切冷气，心腹胀满，胸膈痞滞^②，哕逆呕吐，泄泻虚滑^③，水谷不消，困倦少力，不思饮食（出"局方"）。

肉豆蔻仁（一斤，面里煨）、甘草（炒，四两）、白面（炒，一斤）、丁香枝梗（只用枝，五钱）、盐（炒，二两）。

各为末，每服二钱，沸汤点服，食前服妙。

【译】此汤主治一切冷气病、胸腹胀满，胸膈结块，打呃呕吐，泻肚滑肠不吸收，水谷不消化，困倦乏力，不思饮食等症（采自《局方》）。

做法是：肉豆蔻仁（一斤，在面里煨热）、甘草（炒，四两）、白面（炒，一斤）、丁香枝梗（只用枝，五钱）、盐（炒，二两）。

以上各种研为末，每次二钱，开水沏汤服用，饭前服用最好。

解醒汤（中酒^④）

白茯苓（一钱半）、白豆蔻仁（五钱）、木香（三钱）、桔红（一钱半）、莲花青皮（一分）、泽泻（一钱）、神曲（一

---

①荳蔻：中药名。为姜科植物白荳蔻的果实，功能芳香健胃。

②胸膈痞滞：胸膈部位结块，内脏机能受阻。

③哕逆呕吐，泄泻虚滑：打呃呕吐，泻肚滑肠。

④中酒：醉酒。

钱，炒黄）、石宿砂（三钱）、葛花（半两）、猪苓^①（去黑皮，一钱半）、干姜（一钱）、白术（二钱）。

各为细末和匀，每服二钱，白汤调下，但得微汗，酒疾去矣。不可多食。

【译】取白茯苓（一钱半）、白荳蔻仁（五钱）、木香（三钱）、橘红（一钱半）、莲花青皮（一分）、泽泻（一钱）、神曲（一钱，炒黄）、石宿砂（三钱）、葛花（半两）、猪苓（去黑皮，一钱半）、干姜（一钱）、白术（二钱）。

以上药物碾成细末，混和均匀。每次服用二钱，白水调好服下。如身上微微出汗，酒病就除去了。但不能多饮。

木瓜汤（除湿、止渴、快气）

干木瓜（去皮，净四两）、白檀（五钱）、沉香（三钱）、茴香（炒，五钱）、白豆蔻（五钱）、石宿砂（五钱）、粉草（一两半）、干生姜（半两）。

各为极细末，每日半钱，加盐沸汤点服。

【译】取干木瓜（去皮，净重四两）、白檀（五钱）、沉香（三钱）、茴香（炒，五钱）、白荳蔻（五钱）、石宿砂（五钱）、粉甘草（一两半）、干生姜（半两）。

以上药物碾压为极细的粉末。每天用半钱，加上盐用开水沏汤服下。

---

①猪苓：亦称"野猪粪"，担子菌纲，多孔菌科。生长于有蜜环菌的阔叶树的根部。地下有菌核，多年生，表面棕黑色至灰黑色。子实生菌核上。中医学以菌核入药，性平、味甘，功能利水渗湿，主治小便不利，淋沥热痛、水肿等症。

无尘汤①

水晶糖霜（二两）、梅花片脑②（二分）。

将糖霜乳细③罗过，入脑子④再碾匀。每用一钱，沸汤点服。不可多，多则人厌也。

【译】取水晶糖霜（二两），梅花片脑（二分）。把水晶糖霜放进乳钵里，用乳棰碾研成细粉末，过了箩，再加上梅花片脑，再次碾匀。每次用一钱，开水沏汤服用。但不能多，多了会使人厌恶。

绿云汤（食鱼不可饮此汤⑤）

荆芥穗（四两）、白术（二两）、粉草（二两）。

各为细末，入盐点用。

【译】取荆芥穗（四两）、白术（二两）、粉甘草（二两）。以上一起研成细末，加一些盐，沏汤服用。

柏叶汤

采嫩柏叶，线系垂挂一大瓮中，纸糊其口，经月取用。如未甚干，更闭之至干，取为末，如嫩草色。不用瓮，只密室中亦可，但不及瓮中者青翠，若见风则黄矣。此汤可以代茶，夜话饮之尤醒睡。饮茶多则伤人，耗精气，害脾胃，柏叶汤

①无尘汤：由白糖、冰片制成，入水即溶解，无杂质沉淀，故名无尘汤。

②梅花片脑：龙脑冰片，形如梅花，亦称"梅片"。

③乳细：在乳钵中用乳棰碾研成细粉。

④脑子：龙冰片的别名。

⑤食鱼不可饮此汤：旧有食鱼后服荆芥会发病之说。尚须验证。

甚有益。又，不如新采洗净点更为上。

【译】采集嫩柏树叶，用线系住，垂挂在一只大瓮里面，用纸封糊瓮口，过一个月就可以用了。如果还不太干，可以再封闭到干为止。取出研作末，像嫩草的颜色。不用瓮，放在密闭较好的房屋里也可以，但不如瓮里的那样青翠，如果见风就会变黄。这种汤可以代替茶，夜间谈话喝它尤其能防止打盹。茶喝多了容易伤害人的身体，耗损精气，危害脾胃，而柏叶汤对健康却很有好处。另外，这样还不如新采摘的嫩柏树叶洗干净沏汤喝更胜一筹。

三妙^①汤

地黄、枸杞实各取汁一升，蜜半升，银器中同煎，如稀饧^②。每服一大匙，汤、调酒皆可。实气养血，久服益人。

【译】取生地黄、枸杞果实，各取其汁液一升，加蜂蜜半升，在银质容器中一起煎煮，熬成稀糖液。每次服用一大汤匙。喝汤、调酒都可以。此汤可以充实元气、滋养心血，长期服用有益于健康。

干荔枝汤^③

白糖（二斤）、大乌梅肉（五两，用汤蒸去涩水）、桂末^④（少许）、生姜丝（少许）、甘草（少许）。

---

①三妙：此处指生地黄、枸杞子和蜂蜜三物。
②稀饧（táng）：即稀释的糖。
③干荔枝汤：此汤味似荔枝，故名。
④桂末：肉桂研成的细末。

若将糖与乌梅肉等捣烂，以汤调用。

【译】取白糖（二斤）、大乌梅肉（五两，用汤蒸去涩水）、桂末（少许）、生姜丝（少许）、甘草（少许）。

把白糖和乌梅肉等物捣烂，用水调匀服用。

清韵汤

石宿砂米（三两）、石菖蒲①末（一两），甘草末（五钱）、入盐少许，白汤点用。

【译】取石宿砂米（三两）、石菖蒲末（一两）、甘草末（五钱），加进少量的盐，用白水沏汤服用。

橙汤

橙子（五十个）、干山药末（一两）、甘草末（一两）、白梅肉（四两）。

各捣烂焙干，捏成饼子，白汤用。

【译】取橙子（五十个）、干山药末（一两）、甘草末（一两）、白梅肉（四两）。

把上述物品捣烂再焙干，捏成饼子，白水泡汤服用。

桂花汤

桂花（焙干为末，四两）、干姜（少许）、甘草（少许）。各为末，和匀，量入盐少许，贮磁罐中，莫令出气。时常用

①石菖蒲：天南星科，形似菖蒲但植株矮小，叶线形而主脉不显著，花序较柔弱。多生长于小涧水石隙中或山沟流水砾石间。中医学以根状茎入药，性温味辛苦，功能开窍、祛痰，主治痰厥昏迷、癫狂、惊痫等。

白汤点用。

【译】取桂花（焙干研为末，四两）、干姜（少许）、甘草（少许），一起研为细末调和均匀，酌量加进盐少许，贮藏于瓷罐之中，不要让它透气。可以时常用白水沏汤服用。

洞庭汤①

陈皮（去皮，四两）、生姜（四两）。

各将姜与橘皮共淹一宿，晒干，入甘草末六钱，白梅肉三十个，炒盐五钱，和匀，沸汤点用。

【译】取陈皮（去皮，四两）、生姜（四两）。

将姜和橘子皮一起腌一宿，然后晒干，再加进甘草末六钱，白梅肉三十个，炒盐五钱，混合调匀，用开水沏汤服用。

木瓜汤二方

木瓜（十两）、生姜末（二两）、炒盐（二两）、甘草末（二两）、紫苏末（十两）。

各五味和匀，沸汤点用。手足酸，服之妙。

又一方：加石宿砂二两为末，山药末三两，消食化气壮脾。

【译】取木瓜（十两）、生姜末（二两）、炒盐（二两）、甘草末（二两）、紫苏末（十两）。

把以上五味药混和调匀，开水沏汤服用。手脚发酸，服了有好处。

---

①洞庭汤：太湖洞庭山有丹橘，名洞庭红。此汤用橘皮，故美其名。

另外一个方子是：加石宿砂二两研成末，山药末三两，有消食化气壮脾的功用。

参麦汤

人参（一钱）、门冬^①（六分）、五味^②（三分）。

入小罐煎成汤，服。

【译】取人参（一钱）、门冬（六分）、五味子（三分）。都放进小罐，煎煮成汤服用。

绿豆汤

将绿豆淘净，下锅加水，大火一滚。取汤停冷，色碧，解暑。如多滚则色浊，不堪食矣。

【译】把绿豆淘洗干净，下到锅里加上水，烧大火到滚开。把汤取出来，停放到冷却，颜色碧绿，可以解暑，如果水开许多滚，颜色就有些浑浊，不好饮用了。

---

①门冬：有两种：一为天门冬，简称天冬；一为麦门冬，简称麦冬。此处应为麦冬。
②五味：即五味子。

熟水类（十二种）

稻叶熟水

采禾苗晒干，每用，滚汤入壶中，烧稻叶带焰投入，盖密，少顷泻服，香甚。

【译】采一些稻秧的苗，晒干。每次饮用时，先把滚开的水倒入壶中，再把稻叶点着，带着燃烧的火焰投进壶里，然后把壶盖严封好，过一会儿，倒出来饮用，很香。

桔叶熟水

采取晒干，如上法泡用。

【译】采一些橘子叶，晒干。像上面说的方法，浸泡饮用。

桂叶熟水

采取晒干，如上法泡用。

【译】采桂花树叶，晒干。像上面说的方法，浸泡饮用。

紫苏熟水

取叶，火上隔纸烘焙，不可翻动。候香收起。每用，以滚汤洗泡一次，倾去，将泡过紫苏入壶，倾入滚水。服之，能宽胸导滞。

【译】取紫苏叶，隔着纸在火上烘焙，不要翻动。等有了香味，收藏起来。每次饮用，先用开水洗泡一次，再把水倒掉，把泡过的紫苏叶放进壶里，再倒入滚开水。饮用它，能宽扩心胸，疏导阻滞。

沉香熟水

用上好沉香一二小块。炉烧烟，以壶口覆炉，不令烟气傍出。烟尽，急以滚水投入壶内，盖密，泻服。

【译】用上好的沉香一二小块，放入香炉烧出烟气，以壶的口盖住香炉，不让烟从别处出去。烟冒完了，立即把滚开的水投进壶内封盖严密，然后倾倒出来饮用。

丁香熟水

用丁香一二粒，捣碎入壶，倾上滚水，其香郁然，但少热耳。

【译】取用丁香一二粒，敲碎放进壶里，倾入滚开的水。它的香味浓郁，只是当时就喝稍稍有些热。

砂仁熟水

用砂仁三五颗，甘草一二钱，碾碎入壶中，加滚汤泡上，其香可食。甚消壅隔，去胸膈郁滞。

【译】取用砂仁三五颗，甘草一二钱，碾碎了放入壶里，加入滚开水泡上，香味让人想吃。这种水对消除壅隔很有效，还可去除胸膈郁滞。

花香熟水

采茉莉、玫瑰，摘半开蕊头，用滚汤一碗，停冷，将花蕊浸水中，盖碗密封。次早用时去花，先装滚汤一壶，入浸花水一二小盏，则壶汤皆香蔼可服。

【译】采集茉莉花、玫瑰花，摘下半开的蕊头。用滚开水一碗，放到凉，把花蕊浸泡到水里，盖上碗密封起来。第二天早晨用的时候，把花去掉，先预备滚开水一壶，加进浸泡花的水一二小杯，这样满壶水都充满香气，可以饮用。

檀香熟水

如沉香熟水方法。

【译】如同沉香熟水的制作方法。

豆蔻熟水

用豆蔻一钱、甘草三钱、石菖蒲五分，为细片，入净瓦壶，浇以滚水，食之。如味浓，再加热水可用。

【译】取用豆蔻一钱，甘草三钱，石菖蒲五分，切为细片，放入干净的瓦壶，浇进滚开的水，饮用。如果感觉味道太浓，再加一些热水就可以了。

桂浆

官桂（一两，为末）、白蜜（二碗），先将水二斗煮作一斗多，入磁坛中候冷，入桂蜜二物搅二百余遍，初用油纸一层，外加绵纸数层，密封坛口，五七日，其水可服。或以木楔坛口，密封置井中，三五日，冰凉可口。每服一二杯，祛暑解烦，去热生凉，百病不作。

【译】取官桂（一两，研为末）、白蜜（二碗），先把二斗水煮成一斗多些，装进磁坛里等待水凉，再把官桂、白蜜两种物品放进去，搅动二百多遍，开始用油纸一层，外加上绵纸多层，把坛子口密封住，过五到七天，这水就可以饮用了。或者用木头楔住坛子口，密封以后放到井里，浸泡三五天，就冰凉可口了。每次饮用一二杯，可以驱除暑热解开烦闷，能去热生凉，百病都不发作。

香橼①汤

用大香橼不拘多少，以二十个为规，切开，将内穰以竹刀刮出，去囊袋并筋，收起。将皮刮去白，细细切碎，笊篱热滚汤中，焯一二次，榨干收起，入前穰内，加炒盐四两，甘草末一两，檀香末三钱，沉香末一钱，不用亦可，白豆仁末②二钱，和匀，用瓶密封，可久藏用。每以箸挑一二匙，充白滚汤服，胸膈胀满膨气，醒酒化食，导痰开郁，妙不可言。不可多服，恐伤元气。

【译】用大香橼不限多少，以二十个为常规，切开，把里面的穰用竹刀刮出，去掉囊袋和筋，收起来。把皮上粘着的白肉刮掉，细细切碎，用笊篱放入滚热的水中，焯一二次，榨干了收起，放进前面说的穰里边，再加上炒盐四两，甘草末一两，檀香末三钱，沉香末一钱——不用也可以，白豆蔻

①香橼：即"枸橼（jǔ yuán 举元）"，芸香科，小乔木或大灌木，有短而硬的刺，叶长圆形，边缘有锯齿，无叶翼。一年多次开花，花大带紫色。果实卵形或长圆形，先端有乳状突起，皮粗厚而芳香，熟时柠檬黄色，不易剥离，初冬果熟。瓤囊细小，约十瓣，肉黄白色，汁液不多，味苦。果供观赏，瓤制枸橼酸。果皮、花、叶可提取芳香油，果皮药用。
②白豆仁末：白豆蔻仁研成的细末。

仁末二钱，混和均匀，用瓶子密封起来，可以长期贮藏使用。每次用时，以筷子挑出一二汤匙的量，用滚开白水冲服。可以治胸膈胀满膨气，醒酒化食，导痰开郁，功效美妙无法言说。但不能多服，恐怕会伤了元气。

粥糜类

芡实粥

用芡实去壳三合，新者研成膏，陈者作粉。和粳米三合，煮粥食之，益精气，强智力，聪耳目。

【译】用去了壳的芡实三合，新的可以研成膏（因有水分），陈的可以碾作粉。加粳米三合，一起煮粥吃，可以收到益精气、强智力、聪耳目的功效。

莲子粥

用莲肉一两，去皮煮烂，细捣，入糯米三合，煮粥食之，治同上。

【译】用莲子一两，去掉皮煮烂，再捣细，加上糯米三合，煮成粥食用。功效与芡实粥相同。

竹叶粥

用竹叶五十片，石膏二两，水三碗，煎至二碗，澄清去渣，入米三合煮粥，入白糖一二匙。食之，治膈上风热，头目赤。

【译】用竹叶五十片，石膏二两，水三碗，经煎煮剩两碗，澄清去掉渣子，再用米三合煮粥，加上一二匙白糖。吃了可以治膈上风热、头眼发红。

蔓菁^①粥

用蔓菁子二合，研碎，入水二大碗，绞出清汁，入米三合，

---

①蔓菁：即芜菁。块根可做蔬菜。

煮粥。治小便不利。

【译】用二合蔓菁子，研碎后，加入两大碗水，绞出清汁去掉渣子，加入三合米，煮粥。可用于治疗小便不利。

【评】蔓菁：与水疙瘩形状相似，也可作腌菜，也可肉丝炒。（佟长有）

牛乳粥

用真生牛乳一钟。先用粳米作粥，煮半熟，去少汤，入牛乳，待煮熟盛碗，再加酥①一匙食之。

【译】用生牛乳一盅。先用粳米作粥，煮到半熟，去掉一些米汤，然后放进牛乳。等全煮熟了，盛到碗里，再加进一匙酥油食用即可。

甘蔗粥

用甘蔗榨浆三碗，入米四合，煮粥，空心食之。治咳嗽，虚热口燥，涕浓舌干。

【译】榨取甘蔗浆汁三碗，再用四合米，一起煮粥，空腹食用。可治咳嗽，虚热口燥，涕浓舌干。

山药粥

用羊肉四两烂捣，入山药末一合，加盐少许，粳米三合煮粥，食之治虚劳骨蒸。

【译】用羊肉四两，捣烂，加上山药末一合，加上盐少量，粳米三合，一起煮粥，吃了可治虚劳骨蒸。

---

① 酥：即酥油，牛羊乳制成的食品。

枸杞粥

用甘州[①]枸杞一合，入米三合，煮粥食之。

【译】用甘州产的枸杞一合，加上米三合，煮成粥食用。

紫苏粥

用紫苏研末，入水取汁。煮粥将熟，凉加苏子汁搅匀食之，治老人脚气（须用家苏方妙）。

【译】紫苏研成细末，加上水，然后过滤取它的汁液。另外用米煮粥，到快要熟的时候，酌量加紫苏汁液搅拌均匀，食用。可以治老年人的脚气（必用家里种植的紫苏才好）。

地黄粥

十月内生新地黄十余斤捣汁，每汁一斤入白蜜四两，熬成膏，收贮封好。每煮粥三合，入地黄膏三二钱，酥油少许，食之滋阴润肺。

【译】用十月以内的新鲜地黄十多斤，捣成汁液，汁液每一斤加入白蜜四两，熬成膏状，收藏密封好。每次煮粥三合，加入地黄膏二三钱，一点酥油。食用可以滋阴润肺。

胡麻[②]粥

用胡麻去皮，蒸熟更炒，令香。用米三合淘净，入胡麻二合研汁用——煮粥熟，加酥食之。

---

①甘州：今甘肃省为古甘州、肃州等地组成。肃州即酒泉一带，甘州即张掖一带，以产枸杞闻名。

②胡麻：即芝麻。

【译】芝麻去掉皮，蒸熟了再炒，使它发出香味。再用米三合，淘洗干净，再把研磨成汁的两合芝麻同米一起煮粥到熟，加上一些酥油，食用。

山栗粥

用栗子煮熟揉作粉，入米煮粥食之。

【译】栗子煮熟去皮，将栗肉揉碎呈粉状，加上适量的米，煮成粥食用。

菊苗粥

用甘菊新长嫩头丛生叶，摘来洗净细切，入盐，同米煮粥，食之清目宁心。

【译】甘菊新长出来的嫩头丛生叶子，摘下来洗干净细切成丝，加上些盐，同米一起煮成粥，食用它有清目宁心之功效。

杞叶粥

用枸杞子新嫩叶，如上煮粥亦妙。

【译】取枸杞子新长出的嫩叶，用上面的方法煮成粥，也很美妙。

薏苡①粥

用薏仁淘净，对配白米煮粥，入白糖一二匙食之。

【译】薏苡仁淘洗干净，与白米对半搭配煮成粥，再加

①薏苡：一年生或多年生草本植物，果仁叫薏苡仁、薏米等，可供药用，能健脾，去湿、利尿。

上白糖一二匙，食用。

【评】薏苡：古代，人们把薏苡叫作"薏米明珠"。在清王府的腊八粥中，有十几种粥米，其中不可或缺的就有薏米。另外，还有红江豆和红枣、莲子、芡实、菱角、粳米、江米、大麦米、高粱米、黄米、小米等，被称为"细粥"。（佟长有）

沙壳米粥

用沙壳米捡净，水略淘，滚水内下，一滚即起，庶免作糊，治下痢甚验。

【译】沙壳米捡干净，再用水略略淘洗一下。水滚开时下锅，水一沸腾就可出锅，这样可避免熬糊。服食它，治疗下痢效果很好。

芜蒌粥

用砂罐先煮赤豆烂熟，候煮米粥少沸，倾赤豆同粥再煮，食之。

【译】先用砂罐把赤豆煮到烂熟，等到煮米粥在锅里稍一沸腾，就把赤豆倒进粥锅一起再煮，食用。

梅粥

收落梅花瓣，净。用雪水煮粥，候粥熟，下梅瓣，一滚即起，食之。

【译】收集落下的梅花瓣，用水洗净，用雪水煮粥。等到粥熟了，把梅瓣下进去，水一滚即停火，食用。

荼①粥

采荼花片，用甘草汤②焯过，候粥熟同煮。又，采木香花嫩叶，就甘草汤焯过，以油盐姜醯③为菜，二味清芬，真仙供④也。

【译】采集荼花片，用甘草汤焯过后，等到粥熟了再一起煮一下。另一个方法：采集木香花的嫩叶，也用甘草汤焯过，再加油盐姜醋做成菜。这两种食物气味清芬，真是神仙吃的东西呀。

河祇⑤粥

用海鲞⑥煮烂，去骨细拆，候粥熟，同煮，搅匀食之。

【译】把海鲞鱼煮烂，去骨细拆，等粥煮熟了，放进去一起煮，搅拌均匀后食用。

山药粥

用淮山药为末，四六分配米煮粥，食之甚补下元。

【译】将淮山药捣成粉末，按山药末为四、米为六的比例搭配煮粥。食用此粥很能滋补肾气。

---

① 荼（tú）：俗称"佛见笑"。蔷薇科，落叶小灌木，花白色，有香气。

② 甘草汤：似为一种方剂，由甘草、生姜、桂枝、人参、麦冬、生地、麻仁、大枣等药物煎成。

① 醯（xī）：即醋。

② 仙供：神仙食品，言其精美。

③ 河祇（qí）：即河神。

④ 海鲞（xiǎng）：即鳓（lè）鱼，北方称"鲙鱼""白鳞鱼"，南方称"曹白鱼""鲞鱼"。

羊肾粥

枸杞叶半斤，米三合，羊肾两个，碎切葱头五个，干者亦可，同煮粥，加些盐味。食之，大治腰脚疼痛。

【译】枸杞叶半斤，米三合，羊腰子两个，切碎的葱头五个，干的也可以，放在一起煮粥，加上一些盐味。食用此粥，很可医治腰脚疼痛的病。

麋角粥

用煮过胶的麋角霜①作细末，每粥一盏，入末一钱，盐少许，食之治人下元虚弱。

【译】用已熬制过胶的麋角霜，研为细末，每一碗粥，加进此末一钱，再加少许盐，吃了能治肾气虚弱症。

鹿肾粥

用鹿肾二个，去脂膜，切细，入少盐，先煮烂，入米三合煮粥。治气虚耳聋。一方：加苁蓉一两，酒洗去皮，同肾入粥煮，亦妙。

【译】用鹿肾两个，去掉鹿腰子上面的脂膜，切细，加少量的盐，先把鹿腰子烹煮到烂熟，再加入米三合煮粥。此粥可以治疗气虚耳聋。另一方是：加苁蓉一两，用酒洗掉其皮，同鹿腰子一起放在粥里煮，其功效也很好。

①麋角霜：麋即鹿，亦称"四不像"，与鹿形状大同。雄性生杈形角。此骨化的角熬制成的胶叫"麋角胶"，熬胶所余残渣与部分麋角胶相和，称"麋角霜"，可入药。

猪肾粥

用人参二分，葱白些少，防风一分，俱捣作末。同粳米三合，入锅煮半熟。将猪肾一对去膜，预切薄片，淡盐腌顷刻，放粥锅中。投入再莫搅动，慢火更煮良久。食之能治耳聋。

【译】用人参二分，些许葱白，防风一分，统统捣作细末，同粳米三合，放进锅里煮到半熟。把猪腰子一对，去掉外膜，预先切成薄片，用不多的盐腌制一会儿，然后放进粥锅里。投进猪腰子片之后，不要再搅动，改用慢火再煮较长时间。食用此粥能治耳聋。

羊肉粥

用烂羊肉四两，细切，加人参末一钱，白茯苓末一钱，大枣二个，切细黄耆①五分，入粳米三合，入好盐三二分，煮粥，食之治羸弱，壮阳。

【译】用熟羊肉四两，细细切好。加上人参末一钱，白茯苓末一钱，大枣两个，切细的黄耆五分，加上粳米三合，加入好盐二三分，放在一起煮粥。吃此粥可以医治身体羸弱，还可壮阳。

扁豆粥

白扁豆半斤，人参二钱，作细片，用水煎汁，下米作粥，食之益精力。又，治小儿霍乱。

【译】取半斤白扁豆，人参二钱切作细片，用水煎成汁，

---

①黄耆（qí）：中药名。亦作"黄芪"。有补气、利尿的作用。

再下米煮粥。吃此粥对人的精力有助益。又可医治小儿霍乱病。

茯苓粥

茯苓为末净，一两，糯米二合。先煮粥熟，下茯苓末同煮，起食。治欲睡不得睡。

【译】把茯苓收拾干净研成末，取一两茯苓末，二合糯米。先在锅里把粥煮熟，再把茯苓末下进去一起煮，取出食用。能治失眠症。

苏麻粥

真紫苏子、大麻子各五钱，水洗净，微炒香，同水研如泥，取汁。将二子汁化汤煮粥，治老人诸虚，结久风秘不解，壅聚膈中，腹胀恶心。

【译】真紫苏子、大麻子各五钱，用水洗净，稍微炒一下使其散发出香味，然后和水一块研磨成泥状，取其汁液。用这两种东西的汁液加水化开煮粥。此粥医治老年人各种虚症，食物长久积结，在肠中秘聚不解，胸膈之中壅塞，腹胀恶心等症。

竹沥①粥

如常煮粥，以竹沥下半瓯，食之能治痰火。

【译】像平常一样煮粥，把半碗竹沥汁放进去。吃这种

①竹沥：以淡竹或其他新竹，茎去节，放火上烤炙，从茎内沥下的澄清液汁，熬成药，焦香微甜，即竹沥，也叫竹汁、竹油。能清心明目，降火化痰，解热除烦。

粥能治痰火。

麦门冬粥

麦门冬生者洗净，绞汁一盏，白米二合，薏苡仁一合，生地黄绞汁二合，生姜汁半盏。先将苡仁、白米煮熟，后下三味汁，煮成稀粥。治翻胃呕逆。

【译】把生麦门冬清洗干净，绞成一杯汁液。再取二合白米，一合薏苡仁，将二合生地黄绞成汁液，准备半杯生姜汁。先把薏苡仁和白米煮熟，然后把三种绞好的汁液下到锅里，煮成稀粥。治疗反胃呕逆。

萝卜粥

用不辣大萝卜，入盐煮熟，切碎如豆，入粥将起，一滚而食。

【译】用不辣的大萝卜，加些盐煮熟后，切成如豆子大小，放进将熟的粥里，烧一滚就可以吃了。

百合粥

生百合一升，切碎，同蜜一两窨熟。煮粥将起，入百合三合同煮，食之妙甚。

【译】用生百合一升，切碎，加入一两蜂蜜，放在窨里阴熟。待粥将熟时，加上三合百合一起煮。吃起来好得很。

何首乌粥

何首乌赤者为雄，白者为雌，大者为佳。

采大者，不可犯铁，竹刀刮去皮，切成片，收起，每用五钱，砂罐煮烂，下白米三合，煮粥。

【译】何首乌红色的是雄性的，白色的是雌性的，以个体大的为好。

要采个体大的，不要接触铁器，用竹刀刮去外皮，切成片，收藏起来。每次用五钱，用砂罐煮烂熟，再下三合白米，煮成粥。

山茱萸粥（作面食亦可）

采去皮，捣研为泥粉，每用一盏，入蜜二匙，同炒令凝，揉，同粥搅食。

【译】采来山茱萸去掉外皮，捣碎研为泥粉状，每一杯粉，加入两匙蜂蜜，一起炒制，让它凝固再行揉搓。要与粥搅和着吃。

人乳粥

用肥人乳，候煮粥半熟，去汤，下人乳汁，代汤煮熟置碗中，加酥油一二钱，旋搅。甘美，大补元气，无酥亦可。

【译】用肥胖女人的奶汁，等到粥煮到半熟的时候，去掉米汤，把奶汁倒进去，代替去掉的汤汁，煮熟之后放到碗里面，再加进酥油一二钱，旋转搅动。很甜美，可以大补元气。没有酥油也可以。

枸杞子粥

用生者研如泥，干者为末，每粥一瓯，加子末半盏，白蜜一二匙和匀，食之大益。

【译】把鲜枸杞子碾研成泥，干枸杞子研成粉末。每次做粥一小盆，加上枸杞子末半杯，再加入一二勺白蜜，调和均匀，吃了大有益处。

肉米粥

用白米先煮成软饭。将鸡汁或肉汁、虾汁汤调和清过。用熟肉碎切如豆，再加茭笋、香蕈或松穰等物（细切），同饭下汤内，一滚即起入供，以咸菜为过味，甚佳。

【译】先把白米煮成软饭。把鸡汁或肉汁、虾汁汤调和好澄清过。把熟肉切碎成豆粒大小，再加上茭笋、香蕈或松穰等物品，都要细切，同软饭一起下到汤里面，一烧开就取出来吃。就着咸菜，很好吃。

绿豆粥

用绿豆淘净，下汤锅，多水煮烂，次下米，以紧火同熬成粥，候冷，食之甚宜。夏月，适可而止，不宜多吃。

【译】把绿豆淘洗干净，下到锅里，要多用水，使绿豆煮烂，然后下米，用紧火一起熬成粥。等晾凉时，吃着很合适。夏天，吃绿豆粥要适可而止，不要多吃。

口数粥①

十二月二十五日夜，用赤豆煮粥，同绿豆法。一家之人

---

① 口数：数，有气数之意。所谓"除瘟疫，辟疠鬼"都属迷信之说。

大小分食，若出外夜回者，亦留与吃，谓之口数粥。能除瘟疫，辟疠鬼。出《田家五行》。

【译】十二月二十五日夜间，用红豆煮粥，方法与煮绿豆粥一样。一家人按大小分着吃，如有的人到外边去，夜晚还回来，也要留给他吃，这叫作口数粥。吃了这个粥，能消除瘟疫，避开疠鬼。此方出自《田家五行》。

粉面类（十八种）

藕粉

法取麄^①藕不限多少，洗净截断，浸三日夜，每日换水，看灼然洁净，漉出，捣如泥浆，以布绞净汁。又将渣捣细又绞，汁尽，滤出恶物。以清水少和搅之，然后澄去清水，下即好粉。

【译】方法是，取来粗藕不限多少，洗干净截断，用水浸泡三天三夜，每天都要换水，看上去光鲜洁净时，即可捞出。再把这些藕段捣得如同泥浆，用布绞出净汁。又把渣子捣细，再用布绞，等藕汁绞尽，剩余东西弃掉不用。然后加一点清水，搅拌，澄清之后把清水去掉，沉淀在下面的就是好藕粉。

鸡头粉

取新者晒干，去壳，捣之成粉。

【译】取来新鲜鸡头种子晒干，去掉外壳，捣成细粉。

栗子粉

取山栗切片晒干，磨成细粉。

【译】取来山栗子去壳，将肉切成片，晒干之后磨成细粉。

菱角粉

去皮，如治藕法取粉。

---

①麄（cū）：同粗。

【译】菱角去外皮，再像做藕粉的方法那样做菱角粉。

姜粉

以生姜研烂，绞汁澄粉，用以和羹。

【译】生姜研烂，用布绞出汁液，澄清积淀，干后成粉，用来调和羹汤的味道。

葛粉

去皮，如上法取粉，开胃止烦渴。

【译】葛的块根去掉外皮，用上面的方法做成葛粉。此粉有开胃、止烦渴的功效。

【译】葛粉的吃法与菱角粉大同小异，还可以做成"杏仁葛粉羹"。但要注意的是患低血糖、低血压、体寒的人不宜食用葛根粉，胃寒的人也不宜食用。（佟长有）

茯苓粉

取苓切片，以水浸去赤汁，又换水浸一日，如上法取粉。拌米煮粥，补益最佳。

【译】茯苓切成片，用水浸泡去掉红色汁液，再换水浸泡一天。然后用上面的方法做成茯苓粉。用这种粉拌米煮粥，有很好的滋补益处。

松柏粉

取叶，在带露时采之，经隔一宿则无粉矣。取嫩叶捣汁澄粉，如嫩草，郁葱可爱。

【译】取松柏树叶，要在清晨带有露水时采集，随采随用，如果放置一晚上，就无粉可取了。要采嫩叶，捣烂成汁，经绞汁、过滤、沉淀得到松柏粉。颜色如同嫩草，郁郁葱葱很可爱。

山药粉

取新者，如上法，干者可磨作粉。

【译】取新鲜的山药，用上面的方法制成山药粉。如果是干山药，可以直接磨作粉。

蕨粉

作饼食之，甚妙，有治成货者。

【译】蕨粉可以做成饼子食用，很是美妙，也有做成成品出售的。

莲子粉

干者可磨作粉。

【译】干的莲子可以直接磨成莲子粉。

芋粉

取白芋，如前法作粉，紫者不用。

【译】取白色芋头，用上面的方法做成芋粉。紫色的芋头不能用。

蒺藜① 粉

————————

① 蒺藜：一年生草本植物。入药，有滋补作用。

木臼中捣去刺皮，如上法取粉，轻身去风。

【译】把蕨蓁放在木臼中捣去刺和皮，用上面的方法制成粉。此粉有轻身去风的功能。

括蒌①粉

去皮，如上法取粉。

【译】去掉括蒌的外皮，用上面的方法制成括蒌粉。

茱萸②粉

取粉如上法。

【译】取粉的方法，与前面相同。

山药拨鱼

白面一斤，好豆粉四两，水搅如调糊，将煮熟山药研烂，同面一并调稠，用匙逐条拨入滚汤锅内，如鱼片，候熟，以肉汁食之。无汁，面内加白糖可吃。

【译】一斤白面，四两上好的豆粉，加水搅动调成糊状。再把煮熟的山药研烂，与面糊一起调得更稠。用汤匙一条一条地拨进滚开水的锅里面，像鱼片一样。等熟了，捞出加上肉汁食用。没有肉汁，面里边加入白糖也可以吃。

百合面

用百合捣为粉，和面搜为饼，为面食亦可。

①括蒌：多年生攀缘草本。块根肥厚，富含淀粉。中医以果皮、种子和根入药。括蒌粉即用其根晒干磨制而成，中药名为天花粉。

②茱萸：此处指食用茱萸。

【译】用百合捣制成粉，与白面和起来，做成饼，做其他面食也可以。

【译】百合：本身汇集观赏和食用、药用价值。其润肺止咳、清心安神。以我国兰州产的个大色白，尤适合食用。（佟长有）

百合粉

取新者捣汁，如上法取粉，干者可磨作粉。

已上诸粉不惟取笼为造，凡煮粥俱可配煮，凡和面，用黑豆汁和之，再无面毒之害。

【译】取新鲜百合捣成汁液，如前面的方法制成粉。干的百合可以直接磨成粉。

以上讲述的各种粉品，不只是蒸制食品可用，凡是煮粥，都可以搭配在一起。凡是和面，用黑豆汁来和，就不会再有面粉之毒的害处了。

脯鲊类（五十种）

千里脯

牛羊猪肉皆可，精者一斤，浓酒二盏，淡醋一钱，白盐四钱（冬三钱），茴香、花椒末一钱，拌宿，文武火煮令汁乾，晒之，妙绝。可安一月。

【译】牛肉、羊肉、猪肉都可以，但要用精肉。每一斤肉，配两杯浓酒，一钱淡醋，四钱白盐（冬天三钱），茴香、花椒末各一钱，拌好，置放一晚，然后用慢火和猛火间隔烹煮，直到汁液熬干，取出来晒干，味道非常美妙。可以放一个月不坏。

肉鲊①（名柳叶鲊）

精肉一斤去筋，盐一两，入炒米粉些少（多要酸），肉皮三斤（滚水焯，切薄丝片），同精肉切细拌用，箬包每饼四两重，冬天灰火焙三日，用盖，上留一小孔。夏天，一周时可吃。

【译】用一斤精肉，去掉筋，加一点炒过的米粉（米粉多了会酸），三斤肉皮（滚水焯一下，切成薄的丝片），与精肉切成的细丝拌和，再用箬竹叶包成饼，每个饼四两重，冬天要用灰火焙烤三天，然后收贮，盖好，盖上留一个小孔。夏天，经过一个周时就可以吃了。

①鲊（zhǎ）：原指经加工过的鱼类食品，如腌鱼、糟鱼等。此处指与米粉一起腌制的肉类。

搥脯

新宰圈猪带热精肉一斤，切作四五块，炒盐半两，㨾入^①肉中，直待筋脉不收。日晒半干，量用好酒和水，并花椒、莳萝^②、橘皮，慢火煮干，碎搥。

【译】新杀的圈猪，带着热气的精肉一斤，切成四五块，把半两炒盐揉进肉里边，直到肉不再吸收盐分为止。在太阳下晒至半干，酌量加好酒和水，以及花椒、小茴香、橘子皮，慢火煮干，再敲为碎块。

火肉^③

以圈猪方杀下，只取四只精腿，乘热用盐，每一斤肉盐一两，从皮擦入肉内，令如绵软，以石压竹栅上，置缸内，二十日次第三番五次，用稻柴灰一重间一重叠起，因稻草烟熏一日一夜，挂有烟处。初夏水中浸一日夜，净洗，仍前挂之。

【译】刚宰杀的圈养的猪，只取四条腿，趁热用盐从肉皮直擦到肉里头，每一斤肉用一两盐，让肉变绵软，再用石头压在竹栅上面，放到缸里。二十天内按顺序翻动三五次，都是用稻柴灰一层隔一层地叠起来。之后用稻草烟熏一天一夜，挂在有烟的地方。初夏时用水浸泡一天一夜，再洗净，仍旧挂起来。

【评】火肉：北京有一味"清酱肉"，做法与火肉相似。

---

①㨾（ruò）入：即按入。

②莳萝：即小茴香。

③火肉：即火腿肉。

用猪后尖肉，从腊月开始，盐七、酱八，然后晾晒通风处，待开春肉滴油才好。取下刷净，蒸后食用，色红润，口味鲜香，被称为"京式火腿"。（佟长有）

腊肉

肥嫩豮①猪肉十斤，切作二十段，盐八两，酒二斤，调匀猛力擩入肉内，令如绵软，大石压去水，晾十分干，以剩下所腌酒调糟涂肉上，以篾穿挂通风处。又法：肉十斤，先以盐二十两煎汤澄清，取汁，置肉汁中，二十日取出挂通风处。一法：夏月盐肉，炒盐擦入，匀腌一宿，挂起，见有水痕，便用大石压去水干，挂风中。

【译】又肥又嫩的阉猪肉十斤，切成二十段。再用八两盐、二斤酒，调匀之后猛力按进肉里，使肉绵软。又用大石头压去水分，充分晾干，剩下的酒涂抹在肉上，用竹篾穿起来挂在通风之处。又一个方法：取十斤肉，先把二十两盐煎煮成汤再澄清，肉就放在这个盐水中，二十天后取出，挂在通风之处。还有一个方法：夏天用猪肉，炒盐均匀擦进肉里边，腌一宿，挂起来。如果看见还有水痕，就用大石头再压去水分使肉更干，挂在有风的地方。

炙鱼

鲚鱼②新出水者，治净，炭上十分炙干收藏。一法：以

---

① 豮（fén）：阉割过的猪。
② 鲚（jì）鱼：我国产有"凤鲚"即凤尾鱼，"刀鲚"即刀鱼。

鲚鱼去头尾，切作段，用油炙熟。每服用箬间盛瓦罐内，泥封。

【译】刚捕获（或言"新鲜的"）的鲚鱼，收拾干净，在炭火上慢烤至充分烤干，收藏起来。另一方法：把鲚鱼去掉头尾，切作段，用油煎熟。用箬竹叶间隔盛在瓦罐里，并用泥封住，待食用。

水腌鱼

腊中鲤鱼切大块，拭干，一斤用炒盐四两擦过，淹一宿，洗净晾干，再用盐二两，糟一斤，拌匀入瓮，纸箬泥封涂。

【译】腊月期间，把鲤鱼切成大块，用布擦干，每斤鱼用四两炒盐擦在鱼身上，腌一晚上，然后洗净晾干，再用二两盐，一斤酒糟拌均匀，和鱼块一起装进瓮中，用纸皮加泥封好。

蟹生

用生蟹剁碎，以麻油先熬熟，冷，并草果、茴香、砂仁、花椒末、水姜、胡椒俱为末，再加葱、盐、醋，共十味，入蟹内拌匀，即时可食。

【译】把生蟹剁碎，把芝麻油熬熟，晾冷之后，把草果、茴香、砂仁、花椒末、水姜、胡椒都研成末，再加上葱、盐和醋，一共十味，都放进蟹里边拌匀，当时就可以吃。

鱼鲊

鲤鱼、青鱼、鲈鱼、鲟鱼皆可造治。去鳞肠，旧筅帚①

---
①筅（xiǎn）帚：用竹丝或其他硬苗做成的洗涤工具。

缓刷去脂腻腥血，十分洁净，挂当风处一二日。切作小方块，每十斤用生盐一斤，夏月一斤四两，拌匀腌器内，冬二十日，春秋减之。布裹石压，令水十分干，不滑不韧。用川椒皮二两，莳萝、茴香、砂仁、红豆蔻各半两，甘草少许，皆为粗末，淘净白粳米七八合炊饭。生麻油一斤半，纯白葱丝一斤，红曲一合半搥碎。已上俱拌匀，磁器或木桶按十分实，荷叶盖，竹片扦定，更以小石压在上，候其日熟。春秋最宜造，冬天预腌下作干坯，可留临用时旋将料物打拌。此都中①造法也。鲚鱼同法，但要干方好。

【译】鲤鱼、青鱼、鲈鱼，都可以收拾制成鱼鲊。去掉鳞和内脏，用旧笤帚慢慢刷去鱼身上的脂腻腥血，收拾得十分洁净，挂在迎风的地方一两天。然后切成小方块，每十斤用生盐一斤，夏季要用一斤四两，拌匀腌在容器里，冬季要腌二十天，春秋可以减少一些。布包起来用石头压榨，去掉水分到十分干，手感不滑不韧。用川椒皮二两，小茴香、大茴香、砂仁、红豆蔻各半两，甘草少许，都研成粗末；淘洗干净白粳米七八合做饭。生芝麻油一斤半，纯白葱丝一斤，红曲一合半敲碎。把以上各物放在一起搅拌均匀，按到磁器或木桶里，要十分结实。用荷叶盖上，用竹子片扦插固定，再用小块石头压在上面，等候自然成熟。春秋两季最适于制作，冬天可以预先腌下干坯，留待临用时再加各种调料打拌。这

①都中：即首都，当时为北京。

是京城里的制造方法。鲚鱼也可用同样办法，但要干的才好。

【评】鱼鲊：鲊其实是古代一种腌制的发酵食物，通常用鱼或猪肉加工而成。在过去，鲊是上至皇亲国戚、下至平民百姓日常佐酒下饭的必备美食。鱼鲊一般多用草鱼为原料，而生吃为多。也有将上汤烧开，加调料再加入成熟的鲊煮熟。当今安徽名菜"臭桂鱼"与鲊有异曲同工之处。（佟长有）

肉鲊

生烧猪羊腿，精批作片，以刀背匀搋两三次，切作块子，沸汤随漉出，用布内扭干。每一斤入好醋一盏，盐四钱，椒油、草果、砂仁各少许，供馔亦珍美。

【译】生猪肉或羊腿精肉，削成大片，用刀背均匀地敲搋两三遍，切成块。下到沸水里，随即捞出滤过，再放到布里扭绞见干。每一斤肉加入一杯好醋，四钱盐，椒油、草果、砂仁各少许。此鲊做菜珍贵好吃。

大熝^① 肉

肥嫩在圈猪约重四十斤者，只取前腿，去其脂，剔其骨，去其拖肚，净取肉一块。切成四五斤块，又切十字为四方块，白水煮七八分熟捞起，停冷，搭精肥切作片子，厚一指，净去其浮油，水用少许，原汁放锅内，先下熝料，次下肉，又次淘下酱水，又次下原汁，烧滚，又次下末子细熝料在肉上，又次下红曲末（以肉汁解薄，倾在肉上），文武火烧滚令沸，

---

①熝（lù）：炼制。

直至肉料上下皆红色，方下宿汁。略下盐，去酱板，次下虾料，掠去浮油，以汁清为度，调和得所，顿热用之，其肉与汁再不下锅。

豉汁鹅同法，但不用红曲，加些豆豉擂在汁内。

提清汁法：以元去浮油，用生虾和酱捣在汁内，一边烧火，使锅中一边滚起，泛来掠去之。如无虾汁，以猪肝擂碎，和水倾入代之。三四次，下虾汁方无一点浮油为度。

留宿汁法：宿汁每日煎一滚，停倾少时，定清方好。如不用，入锡器内或瓦罐内封盖，挂井中。

用红曲法：每曲一酒盏许，隔宿酒浸令酥，研如泥，以肉汁解薄下。

粗爉料方：用官桂、白芷、良姜等分，不切，完用。

细爉料方：甘草多用，官桂、白芷、良姜、桂花、檀香、藿香、细辛、甘松、花椒、石宿砂、红豆蔻、杏仁等分，为细末用。

凡肉汁要十分清，不见浮油方妙，肉却不要干枯。

【译】肥嫩的在圈猪，大约四十斤重的，只取它的前腿，去掉上面的油脂，剔掉骨头，去掉拖肚肥肉，只留下一块净肉，切成四五斤重的块，再切成带十字的方块，用白水煮到七八分熟，捞出来，晾凉了，搭配精肥肉切成片，厚一指。原汁浮油去干净，再加不多的水，放入锅内。另锅先下粗爉料，然后下肉块、下酱水、下原汁，烧到滚开，下细爉料中的细末，撒在肉块上，下红曲粉末（红曲要用肉汁化开，倒在肉块上），慢火加猛火烧到滚开沸腾，直到肉料上下都是红颜色，才下宿汁，略微加些盐，去掉酱水结成的板状物，再下虾料，以掠去上面的浮油，直至汁液清亮，调和适当，炖热了就可以食用了。肉块和汁液再不须下锅了（已经完全做好）。

做豆豉鹅，用同样方法，但不用红曲，加些研碎豆豉在汁液之中。

提清汁的方法是：将原来肉汁去掉浮油，再把捣碎的生虾和酱加在肉汤中，一边烧火，使锅里的汤水滚沸起来，一边把泛上来的杂质去掉。如果没有虾汁，可用猪肝捣碎代替，连水一起倾倒入锅，汤沸三四次即可。下虾汁的方法，以没有一点浮油为标准。

留宿汁的方法：用原来的肉汤汁，每天烧一次滚开，停放一会儿使汤澄清。如果当时不用，放到锡器里或瓦罐里，把盖封好，挂在井里边。

用红曲的方法：每份红曲差不多一酒杯的样子，隔夜用酒浸泡使之酥软，研制成泥状，最后用肉汁化开。

粗爁料的方子：用官桂、白芷、良姜等份，不切，完整地使用。

细爁料的方子：甘草多用一些，官桂、白芷、良姜、桂花、檀香、藿香、细辛、甘松、石宿砂、红豆蔻、杏仁等份，研作细末使用。

凡是肉汁，要十分澄清，不见浮油才好，但肉却不能干枯无味。

带冻盐醋鱼

鲜鲤鱼切作小块，盐腌过，酱煮熟，收起，却下鱼鳞，及荆芥同煎滚^①，去楂，候汁稠，调和滋味得所，锡器密盛，置井中或水上，用浓姜醋浇。

【译】新鲜鲤鱼切成小块，用盐腌过，用酱煮熟，收起待用。去掉的鱼鳞，同荆芥一起煎煮到水沸，去掉渣子，等到汤汁稠，滋味调和合适，用锡器密封盛起来，放到井里或水上。吃的时候，浇上浓的姜醋汁。

瓜齑

酱瓜、生姜、葱面、淡笋干或茭白、虾米、鸡胸肉各等分，一切作长条丝儿，香油炒过供之。

【译】酱瓜、生姜、葱面、淡笋干或茭白、虾米、鸡胸肉各相等分量，都切成长条丝儿状，用香油炒过，供食用。

水鸡干子

治净大水鸡，汤中煮浮即捞起，以石压之，令十分干，收。

【译】收拾干净的大水鸡，在锅里水煮，一浮起来即捞出，用石头压上，让它十分干，贮存起来。

---

①一种说法，认为荆芥不能与鱼同食。

算条巴子

猪肉精肥各另切作三寸长条，如算子样，以砂糖、花椒末、宿砂末调和得所，拌匀，晒干，蒸熟。

【译】猪肉选精肉、肥肉，分别切成三寸的长条，像算盘子那样，用砂糖、花椒末、宿砂末，调合适当，再拌均匀，晒干，蒸熟。

臊子① 蛤蜊

用猪肉肥精相半，切作小骰子块，和些酒煮半熟入酱，次下花椒、砂仁、葱白、盐、醋和匀，再下绿豆粉或面水调下锅内作腻②，一滚盛起。以蛤蜊先用水煮去壳，排在汤鼓子内，以臊子肉洗供。新韭、胡葱、菜心、猪腰子、笋、茭同法。

【译】用猪肥肉、精肉各一半，切作小骰子那样的块，加一些酒煮到半熟，加入酱，然后下花椒、砂仁、葱白、盐、醋，调均匀，再下绿豆粉或者白面水勾芡，水刚滚开就盛出来。蛤蜊先用水煮，去掉外壳，摆在汤盆里，再用臊子肉浆浇上供食。新韭、胡葱、菜心、猪腰子、笋、茭白与此法相同。

炉焙鸡

用鸡一只，水煮八分熟，剁作小块，锅内放油少许烧热，放鸡在内略炒，以镟子或椀盖定。烧极热，酒醋相半入少许

①臊（sào）子：肉末或碎肉。
②作腻：即勾芡。

烹之，候干再烹，如此数次，候十分酥熟，取用。

【译】鸡一只，水煮到八分熟，剁作小块。锅里边放上一点油，烧热，把鸡块放进去，略炒一下，用镟子或者碗盖住锅。开火再烧到特别热时，少许酒和醋各半烹进去，等汁液干了，再烹，照这样连烹数次，直到鸡块十分酥熟了，取出食用。

蒸鲥鱼

鲥鱼去肠不去鳞，用布拭去血水，放汤锣内。以花椒、砂仁、酱擂碎，水酒葱拌匀其味，和蒸，去鳞供食。

【译】鲥鱼，去肠，不去鳞，用布擦去血水，放在汤锅里边。把花椒、砂仁、酱捣碎，水酒、葱调好味道，同鱼放在一处蒸熟，去鳞后食用。

【评】蒸鲥鱼：北京人清蒸鲥鱼，只用火腿、冬菇、冬笋、精盐、料酒、葱、姜等。吃过清蒸鲥鱼的人都知道，做好的鱼是带着鳞的。只因为鲥鱼的鳞富含脂肪，是精华。

一般人吃鲥鱼时，先将鱼鳞刮下，放入口中咂透，然后吐出。宫廷里会先将鱼鳞刮下，用线串好，将鱼放笼屉中加入调料和配料，再把串好的鱼鳞放于屉帽上，在鱼的蒸制过程中使鱼鳞中的脂肪蒸化，滴于鱼身。（佟长有）

酥骨鱼

大鲫鱼治净，用酱、水酒少许，紫苏叶大撮，甘草些少，煮半日，候熟，供食。

【译】大鲫鱼收拾干净，加酱、水酒少许，一大撮紫苏叶，甘草少许，煮上半天，到鱼熟了，就可以食用了。

川猪头

猪头先以水煮熟，切作条子，用砂糖、花椒、砂仁、酱拌匀，重汤蒸顿。煮烂剔骨，扎缚作一块，大石压实，作膏糟食。

【译】先用水把猪头煮熟，切成条状，再用砂糖、花椒、砂仁、酱一起拌匀，再加水蒸炖。蒸煮烂了，剔去骨头，扎绑在一起，用大石头压实，作成膏糟来食用。

酿肚子

用猪肚一个治净，酿入石莲肉（洗擦苦皮十分净），白糯米淘净，与莲肉对半，实装肚子内，用线扎紧，煮熟压实，候冷切片。煮熟肚子，将纸铺地放上，用好醋喷肚，用钵盖上，少顷取食，其肚肉皆厚可食。

【译】猪肚一个收拾干净，把石莲肉填充到猪肚里边（把苦皮擦洗十分洁净），白糯米淘洗干净，数量与莲肉相当，也装进猪肚里，用线扎紧入口，然后煮熟压实，等到冷却之后，切成片。案上铺好纸再将肚子放在上面，用上好的醋喷在肚子上，然后用盆钵盖上，过一会儿拿出食用，猪肚子和里边莲肉的味道都非常醇厚好吃。

夏月腌肉法

用炒过热盐，擦肉令软，匀下缸内石压，一夜挂起。见水痕即以大石压干。挂当风处，不败。

【译】用炒过的热盐，擦在肉上使肉变软，均匀地放到缸里面，用石头压一夜，然后挂起来。如果见到还有水的痕迹，就用大石头再压干。挂在通风的地方，不会腐败。

腌猪舌牛舌法

每舌一斤用盐八钱，一方：用五钱，好酒一碗，川椒、莳萝、茴香、麻油少许，细切葱白，腌五日，翻三四次，索穿挂当风处阴干，纸装盛藏，煮用。

【译】每斤舌头用八钱盐，还有一种方法是用五钱盐，一碗好酒，川椒、小茴香、大茴香和芝麻油少许，再加细切的葱白，用这些来腌五天，翻三四次，用绳穿起来挂在通风之处，阴干，然后用纸包装贮藏，煮后食用。

风鱼法

用青鱼、鲤鱼，破去肠胃，每斤用盐四五钱，腌七日，取起洗净拭干，腮下切一刀，将川椒、茴香、炒盐，擦入腮内并腹里外，以纸包裹，外用麻皮扎成一个，挂于当风之处。腹内入料多些方妙。

【译】青鱼或者鲤鱼，破肚去掉肠胃等内脏，每斤用四五钱盐，腌七天，然后拿出来洗净擦干，在腮的下面切一刀，把川椒、茴香加上炒盐，塞进腮里边和肚子内外，用纸包裹，外边用麻皮扎起来，挂在通风的地方。肚子里加进的调料多一些更好。

肉生法

用精肉切细薄片子，酱油洗净，入火烧红锅爆炒，去血水微白即好。取出切成丝，再加酱瓜、糟萝葡、大蒜、砂仁、草果、花椒、橘丝、香油拌炒。肉丝临食，加醋和匀，食之甚美。

【译】精瘦肉切成细而薄的肉片，用酱油洗干净，投进烧红的锅里爆炒，肉片没有血水呈现微白颜色即好，取出切成丝，再加酱瓜、糟萝卜、大蒜、砂仁、草果、花椒、橘丝、香油，边拌边炒。肉丝临吃时，加些醋调和均匀，吃着更鲜美。

鱼酱法

用鱼一斤，切碎洗净后，炒盐三两，花椒一钱，茴香一钱，干姜一钱，神曲二钱，红曲五钱，加酒和匀，拌鱼肉，入磁瓶封好，十日可用。吃时加葱花少许。

【译】鱼一斤，切碎洗干净之后，再用炒盐三两、花椒一钱、茴香一钱、干姜一钱、神曲二钱、红曲五钱，加上酒调和均匀，与鱼肉拌和装进瓷瓶里封好，过十天就能食用。吃的时候加一点葱花最好。

糟猪头蹄爪法

用猪头、蹄爪煮烂，去骨，布包摊开，大石压扁实落一宿，糟用甚佳。

【译】猪头、猪蹄，煮得烂熟，去掉骨头，摊开晾凉，用布包住，再用大石头压扁压实过一宿，糟过食用很好。

酒发鱼法

用大鲫鱼破开，去鳞眼肠胃，不要见生水，用布抹干。每斤用神曲一两，红曲一两为末，拌炒盐二两，胡椒、茴香、川椒、干姜各一两，拌匀装入鱼空肚内。加料一层，共装入坛内，包好泥封。十二月内造了，至正月十五后开，又翻一转，入好酒浸满，泥封至四月方熟，取吃，可留一二年。

【译】大鲫鱼，破开肚子，去掉鳞、眼和内脏杂物，不要接触生水，用布擦干净。每斤用神曲一两，红曲一两研为末，再拌上炒盐二两，胡椒、茴香、川椒、干姜各一两，拌均匀后装进鱼的空肚子里。一层鱼、一层料，一起装进坛子里，包好用泥封住。如果是十二月以内做的，到正月十五后再打开，把鱼翻过来，再将好酒加至满坛，泥封，到四月才熟，可以取出食用。这种做法的鱼能保存一二年。

酒腌虾法

用大虾不见水洗，剪去须尾，每斤用盐五钱，淹半日，沥干入瓶中，虾一层放椒三十粒，以椒多为妙。或用椒拌虾，装入瓶中亦妙。装完每斤用盐三两（好酒化开），浇入瓶内。封好泥头。春秋五七日即好吃，冬月十日方好。

【译】大虾不须水洗，剪去须子和尾巴。每斤用盐五钱，腌上半天，滤干水分装到瓶子中，摆一层虾放花椒三十粒，花椒多一些更好。或者先用花椒拌虾，再装到瓶子中也很好。装完之后，每斤虾用三两盐（拿好酒把盐化开），浇到瓶子里，瓶口用泥封好。春季和秋季，五至七天就可以吃了，如果是冬天，要十天才可以吃。

湖广鱼鲊法

用大鲤鱼十斤，细切丁香块子，去骨并杂物。先用老黄米炒燥，碾末，约有半升，配以炒红曲升半，共为末听用。将鱼块称有十斤，用好酒二碗，盐一斤，夏月用盐一斤四两，拌鱼腌磁器内，冬腌半月，春夏十日，取起洗净，布包榨十分干。以川椒二两，砂仁一两，茴香五钱，红豆蔻五钱，甘草少许为末，麻油一斤八两，葱白头一斤，先合米曲末一升，拌和纳坛中，用石压实。冬月十五日可吃，夏月七八日可吃。吃时再加椒料米醋为佳。

【译】用大个鲤鱼十斤，细细地切作丁香大小的块子，去掉骨刺杂物。先把老黄米炒干燥碾成末，大约有半升左右，搭配炒制的红曲一升半，都碾作末待用。称十斤鱼块，用好酒两碗，盐一斤，夏季用盐要一斤四两，拌上鱼块，腌在瓷器里。冬季腌半个月，春夏两季腌十天，取出来用水洗净，用布包上压榨得非常干。用川椒二两、砂仁一两、茴香五钱、红豆蔻五钱、甘草少许，都研为末，芝麻油一斤八两、葱白头一斤，及先前拌好的黄米、红曲末一升，都和鱼拌合起来，放进坛子里，用石头压实。冬季十五天、夏季七八天就可以吃了。吃的时候再加一些花椒料和米醋更好。

水煠^①肉（又名擘烧）

将猪肉生切作二指大长条子，两面用刀花界^②如砖阶样，次将香油、甜酱、花椒、茴香拌匀，将切碎肉揉拌匀了，少顷锅内下猪脂熬油一碗，香油一碗，水一大碗，酒一小碗，下料拌肉以浸过为止。再加蒜榔^③一两，蒲盖闷，以肉酥起锅食之。如无脂油，要油气故耳。

【译】把生猪肉切成二指宽的长条子，两面切花刀。然后把香油、甜酱、花椒、茴香拌均匀，把切好的肉和调料揉拌均匀。过片刻，锅里边放进猪板油，熬出一碗油，再用香油一碗，水一大碗，酒一小碗，把调料拌肉下到锅里以浸泡没过为止。再加入一两大蒜头，盖上盖子焖，焖到肉已酥软，就可以起锅吃了。吃时就像没有脂油一样，是隔住了油气的缘故。

清蒸肉

用好猪肉煮一滚，取净方块，水漂过，刮净，将皮用刀界碎。将大小茴香、花椒、草果、官桂用稀布包作一包，放汤锣内，上压肉块。先将鸡鹅清过好汁，调和滋味，浇在肉上。仍盖大葱、腌菜、蒜榔，入汤锅内，盖住蒸之，食时去葱蒜并包料，食之。

①煠（zhá）：即油炸。
②花界：即用刀割划成花样。界，即用刀割划。
③蒜榔：大蒜头。

【译】好猪肉煮一滚，取出切成方块，用水冲洗过，用刀将肉皮刮干净，并在皮上切上碎花刀。把大小茴香、花椒、草果、官桂用较稀布包成一包，放在汤锅里，上面压上肉块。先把原已备好的鸡鹅高汤调和好滋味，浇在肉块上，再把大葱、腌菜、大蒜头放进汤里，把锅盖好，加火蒸熟。去掉葱、蒜和调料包，然后食用。

炒羊肚儿

将羊肚洗净细切条子，一边大滚汤锅，一边热熬油锅，先将肚子入汤锅，笊篱一焯，就将粗布扭干汤气，就火急落油锅内炒，将熟，加葱、蒜片、花椒、茴香、酱油、酒、醋调匀，一烹即起，香脆可食。如迟慢，即润如皮条，难吃。

【译】把羊肚儿洗净切成细条子，一边置一个滚汤锅，一边置一个热油锅。先把肚子放进汤锅，一烫就用笊篱捞起来，用粗布绞干水气，赶紧放进油锅里翻炒，将熟时，加上葱、蒜片、花椒、茴香、酱油、酒、醋调和均匀，一烹即起锅。味道香脆好吃。如果动作迟慢，肚条儿就坚韧如同皮条，就很难吃了。

炒腰子

将猪腰子切开，剔去白膜筋丝，背面刀界花儿，落滚水微焯，漉起，入油锅一炒，加小料葱花、芫荽、蒜片、椒、姜、酱汁、酒、醋，一烹即起。

【译】把猪腰子切成两半，剔掉上面的白膜和筋丝，背面切花刀，在开水里稍焯一下，滤出来，再到油锅里一炒，加上葱花、芫荽、蒜片、花椒、生姜、酱汁、酒、醋等调料，一烹即起。

蛏鲊

蛏一斤，盐一两，腌一伏时再洗净控干，布包石压，加熟油五钱，姜、橘丝五钱，盐一钱，葱丝五分，酒一大盏，饭糁（一合，磨末）拌匀，入瓶泥封，十日可供。鱼鲊同。

【译】蛏一斤，盐一两，腌一伏时再洗净控干，用布包起拿石头压上。再加上熟油五钱，姜、橘丝五钱，盐一钱，葱丝五分，酒一大杯，饭的散粒一合（磨成末），搅拌均匀，装进瓶里用泥封口，十天就可食用。制作鱼鲊的方法和这个一样。

又风鱼

每鱼一斤，盐四钱，加以花椒、砂仁、葱花、香油、姜丝、橘细丝，腌压十日，挂烟薰处。

【译】每一斤鱼，用四钱盐，加上花椒、砂仁、葱花、香油、姜丝、橘皮细丝，腌压十天，然后挂在有烟薰的地方。

糖炙肉并烘肉巴

猪肉去皮骨，切作二寸大片，将砂糖少许，去气息，酱、大小茴香、花椒拌肉，见日一晾即收。将香油熬熟，下肉盖定，勿烧火，以酥为度。

肉巴用精嫩切条片，盐少腌之后，用椒料拌肉，见日一晾，炭火铁床上炙之食。

【译】猪肉去皮去骨，切成二寸大的片，用砂糖少许，去掉猪肉的气味，再用酱、大小茴香、花椒，搅拌肉片，太阳稍晾即收回来。香油熬熟，肉片下到锅里，锅盖好，不用烧火，直到肉片焦酥。

肉巴是用精嫩肉切成的条片，盐稍腌之后，花椒料调拌一下，见太阳稍晾，在炭火铁床上烘烤熟来食用。

酱蟹糟蟹碎蟹三法

香油入酱油内，亦可久留不砂。糟、醋、酒、酱各一碗。蟹多，加盐一碟。又法：用酒七碗，醋三碗，盐二碗，醉蟹亦妙。坛底放炭一块，则蟹膏不沙。以白芷一钱入酒糟内醉蟹，则膏结实，恐有药气，不佳。

【译】把香油加到酱油里边，浸泡蟹可久留不松软。糟、醋、酒、酱各一碗。蟹多，可以加盐一碟。又一个方法是：用酒七碗，醋三碗，盐二碗，做成醉蟹也很好。坛子下面放上一块木炭，则蟹黄不沙散。用白芷一钱放进酒糟里做醉蟹，蟹黄就会结实，但恐怕会有药的气味，不好。

晒虾不变红色

虾用盐炒熟，盛箩内，用井水淋洗去盐，晒干，色红不变。

【译】虾用盐炒熟了，盛在箩筐之中，然后用井水把盐冲洗掉，晒干，色红不变。

煮鱼法

凡煮河鱼先放水下烧则骨酥，江海鱼先调滚汁下锅，则骨坚也。

【译】凡是煮河鱼，先放水然后烧火则骨酥，江海鱼先把调好的汁烧滚开，鱼再下锅则骨坚硬。

煮蟹青色蛤蜊脱丁①

用柿蒂三五个同蟹煮，色青。用枇杷核内仁同蛤蜊煮脱丁。

【译】用三五个柿子蒂同蟹一起煮，则蟹颜色仍是青的。用枇杷核的内仁，同蛤蜊一起煮，则蛤蜊的肉丁容易脱落。

造肉酱法

精肉四斤去筋骨，酱一斤八两研细，盐四两，葱白细切一碗，川椒、茴香、陈皮各五六钱，用酒拌各料并肉如稠粥，入坛封固，晒烈日中，十余日开看，干再加酒，淡再加盐，又封以泥，晒之。

【译】精肉四斤去掉筋和骨头，酱一斤八两研细，盐四两，葱白切成细丝大约一碗，川椒、茴香、陈皮各五六钱，用酒调拌肉和各种调料，达到如稠粥一样的程度，放入坛子里封严实。在烈日之下曝晒，十多天后打开看，如果干就再

①蛤蜊脱丁：此处"丁"，指蛤蜊肉在壳上的肉柱，其形如丁。

加酒，如果淡就再加盐，然后又把坛子泥封起来，仍在太阳下晒。

黄雀鲊

每只治净，用酒洗拭干，不犯水，用麦黄、红曲、盐、椒、葱丝，尝味和为止。却将雀入匾坛内，铺一层，上料一层，装实，以箬盖篾片扦定，候卤出倾去，加酒浸，密封久用。

【译】把每一只黄雀都收拾干净，用酒洗过再擦干，不接触水。再加麦黄、红曲、盐、椒、葱丝，尝尝以味道合适为止。把黄雀放入坛子里，铺一层，上面敷调料一层。装满后用箬竹叶盖好，并用篾片固定，有卤水出来就倒出去，加上酒再来浸泡，这样可以严密封存，长久食用。

治食有法条例

洗猪肝用面，洗猪脏用砂糖不气。

煮笋入薄荷，少加盐，或以灰，则不蔌①。

糟酱坛上加皂角半锭②，可留久。

洗鱼滴生油一二点，则无涎。

煮鱼下末香不腥。

煮鹅下樱桃数片，易软。

煮陈腊肉将熟，取烧红炭投数块入锅内，则不油蔌气。

煮诸般肉，封锅口，用楮③实子一二粒同煮，易烂又香。

---

①蔌（敕）：苦涩刺喉。

②锭（dìng）：古代蒸食物的器具。

③楮（chǔ）：树名，皮可制桑皮纸。

夏月肉单用醋煮，可留十日。

面不宜生水过，用滚汤停冷食之。

烧肉忌桑柴火。

酱蟹糟蟹忌灯，照则沙。

酒酸用小豆一升炒焦，袋盛入酒坛中则好。

染坊沥过淡灰晒干，用以包藏生黄瓜茄子，至冬月可食。

用松毛包橘子三四月不干，绿豆藏橘亦可。

五月以麦面煮成粥糊，入盐少许，候冷，倾入瓮中，收新解红色未熟桃，纳满瓮中，封口，至冬月如生。

蜜煎黄梅，时换蜜，用细辛放顶上，不生虫。

用腊水同薄荷一握，明矾少许，入瓮中，投浸枇杷、林檎、杨梅于中，颜色不变，味凉可食。

【译】洗猪肝用面粉；洗猪内脏用砂糖，可除其腥脏气味。

煮竹笋加入薄荷，稍加些盐或者灰，则其味不会苦涩刺激喉咙。

糟酱的坛子上加入皂角半锭，其成品就可以长欠留存。

洗鱼滴上一两滴生油，就没有黏液。

煮鱼时下进末香，不腥。

煮鹅时下几片樱桃叶，容易软。

煮陈腊肉将要熟的时候，取烧红的炭几块投进锅里，就不会有苦涩刺喉的气味。

煮各种肉，封住锅口，用楮树的种子一起煮，容易烂，而且香。

夏天，肉单用醋煮一下，可以存放十天。

面条不适合用生水过，用开水冷却后过面条，才好吃。

烧煮肉不能用桑树柴火。

酱蟹、糟蟹怕灯，灯照蟹黄就散软了。

酒酸了，用一升小豆炒到焦糊，用袋子盛上放到酒坛子里，酒就不酸了。

染坊过滤剩下的淡灰，晒干以后，用它来包藏生黄瓜、茄子，到冬天还能吃。

用松毛包橘子，三四个月不干，绿豆里藏橘子也可以。

五月间，用麦子面煮成粥糊状，加不多的盐，等冷却了，倒进瓮里边，把收摘的红色还没熟的桃子，装满一瓮，封上口，直到冬天还像新鲜桃子一样。

蜜煎黄梅，要时常换蜜。用细辛放在顶上不生虫子。

用腊水和一把薄荷，少用一些明矾，放进瓮中，浸放枇杷、林檎、杨梅，颜色不变，味道清凉可食。

中

卷

家蔬类

皆余手制曾经知味者笺入，非漫录也。或传有不同，悉听制度。

【译】下面记载的这些家常蔬食，都是我亲手制做，曾经品尝过味道的，并非随便写写。也许与流传的说法有些不同，那就遵从成法制度吧。

配盐瓜菽①

老瓜嫩茄合五十斤，每斤用净盐二两半，先用半两腌瓜茄一宿出水，次用橘皮五斤，新紫苏连根二斤，生姜丝三斤，去皮杏仁二斤，桂花四两，甘草二两，黄豆一斗，煮。酒五斤同拌入瓮，合满捺实，箬五层，竹片捺定。箬裹泥封，晒日中，两月取出，入大椒半斤，茴香、砂仁各半斤，匀，晾晒在日内，发热乃酥美。黄豆须拣大者煮烂，以麸皮罨②热，去麸皮净用。

【译】老瓜和较嫩的茄子，共五十斤，每斤用净盐二两半，先用半两盐，把瓜和茄子腌一宿，腌出水来，其次用五斤橘子皮，二斤连根的新紫苏，三斤生姜丝，去皮杏仁二斤，桂花四两，甘草二两，黄豆一斗，用水煮。煮完之后，用五斤酒搅拌，并装入瓮中，装满按实，盖上五层箬竹叶，用竹片固定好。箬竹叶包裹用泥封严后，在阳光下晒，两个月后

---

①菽（shū）：豆类的总称。
②罨（yǎn）：掩盖。

取出来，加上辣椒、茴香、砂仁各半斤拌匀，摊晒在太阳下，等到发热，味道酥美。黄豆必须拣大个的煮烂，用麸子皮盖上让它发热，再把麸子皮除干净后使用。

糖蒸茄

牛奶茄嫩而大者，不去蒂，直切成六棱，每五十斤用盐一两，拌匀下汤焯，令变色，沥干，用薄荷、茴香末，夹在内，砂糖二斤，醋半钟，浸三宿，晒干还卤，直至卤尽茄干，压扁收藏之。

【译】用大而嫩的牛奶茄子，不去蒂，直接切成六棱形。每五十斤用一两盐，拌匀后入锅在沸水中焯一下，使它变色，然后沥干水分，掺进薄荷、茴香末，再用二斤砂糖，半杯醋，浸泡三宿，晒干了再加卤，直到卤尽茄子干，压扁了收藏起来。

蒜梅

青硬梅子二斤，大蒜一斤，或囊剥净，炒盐三两，酌量水煎汤停冷浸之，候五十日后卤水将变色，倾出再煎，其水停冷浸之，入瓶，至七月后食。梅无酸味，蒜无荤气也。

【译】用青硬梅子二斤，大蒜一斤。或者把梅子内囊剥离干净，用三两炒盐，酌量的水烧开，晾凉后浸泡梅子，等五到十天以后，卤水将要变色，倾倒出来再用水煮，还是把开水放凉浸泡，最后装到瓶里，到七月以后吃，梅子没有酸味，蒜也没有辛辣气了。

酿瓜

青瓜坚老而大者，切作两片，去穰，略略用盐出其水，生姜、陈皮、薄荷、紫苏俱切作丝，茴香、炒砂仁、砂糖拌匀入瓜内，用线扎定成个，入酱缸内，五六日取出，连瓜晒干，收贮。切碎了晒。

【译】又老又大的青瓜，切成两半，去掉内穰，用一点盐除去瓜肉里所含的水分，把生姜、陈皮、薄荷、紫苏都切成丝，还有茴香、炒砂仁、砂糖，一起拌匀，装入瓜里面，用线把两半扎成一个，放进酱缸里，五六天后取出来，连瓜晒干，收存起来。或者切碎了再晒。

蒜瓜

秋间小黄瓜一斤，石灰白矾汤焯过，控干。盐半两，腌一宿，又盐半两，剥大蒜瓣三两，捣如泥，与瓜拌匀，倾入腌下水中，熬好酒醋浸着，凉处顿放。瓜、茄子同法。

【译】秋天，选小黄瓜一斤，在石灰白矾沸水中焯过，控干水分。再用盐半两，腌一宿，另用半两盐，三两剥大蒜瓣，捣成泥，与小黄瓜拌均匀，倾入腌瓜的水中，同时加用熬好的酒醋浸泡，在阴凉处存放。冬瓜、茄子用同样方法。

三煮瓜

青瓜坚老者切作两片，每一斤用盐半两，酱一两，紫苏、甘草少许，腌。伏时，连卤夜煮日晒。凡三次煮后晒，至两天留甑上蒸之，晒干收贮。

【译】坚老青瓜，切成两半，每一斤用食盐半两，酱一两，紫苏、甘草少量，腌起来。三伏天的时候，连卤液一起，夜间煮，白天晒。一共三次煮了又晒，到两天后，可置于蒸饭用的甑上再蒸，然后晒干收藏。

蒜苗干

蒜苗切寸段一斤，盐一两，腌出臭水，略晾干，拌酱、糖少许，蒸熟晒干收藏。

【译】一斤蒜苗切成一寸长的段，用盐一两，把蒜苗中的臭水腌出来，稍稍晾干，拌上少量酱和糖，蒸熟之后晒干收藏起来。

藏芥

芥菜肥者不犯水，晒至六七八干，去叶，每斤盐四两，淹一宿取出。每茎扎成小把，置小瓶中，倒沥尽其水。并煎腌出水同煎，取清汁待冷，入瓶封固，夏月食。

【译】取大个的芥菜，不要沾水，晒到六七分干，去掉叶子，（切成细条）每斤用盐四两，腌一宿后取出来。每个芥菜扎成一小把，放在小瓶里，倒置滤净它的水分。再把前面腌芥菜的水煎煮，舀它的清汁晾凉后，也装入瓶中，封好，到夏天食用。

绿豆芽

将绿豆冷水浸两宿，候涨换水，淘两次，烘干。预扫地洁净，以水洒湿，铺纸一层，置豆于纸上，以盆盖之，一日两次洒水，候芽长，淘去壳，沸汤略焯，姜醋和之，肉燥尤宜。

【译】把绿豆用冷水浸泡两宿，等绿豆泡涨时换水，淘洗两次，烘干。预先把地扫洁净，用水洒湿，然后铺上一层纸，把绿豆放在纸上，用盆盖起来，一天两次洒水，等到豆芽长出来，淘洗去壳，用开水稍微焯一下，再拌上姜醋食用，用肉炒更合适。

【评】绿豆芽：家庭自泡绿豆芽的简单方法：

1. 将豆子放入一个瓶子中泡一个晚上，让豆子全部伸展开；

2. 根据豆子的量，找一个大型饮料瓶，剪掉上部，下部扎几个眼，不要太大，也不要太多；

3. 把泡好的豆子放入，放平，用一块干净棉布盖在豆子上（棉布泡湿）；

4. 把瓶子放在温度稍低的地方（不能太凉），再用毛巾把瓶子周围盖住，不透光；

5. 每天浇水四五次，一般一天后豆子可出芽，然后压一些重物，豆芽会一直往上长。（佟长有）

芥辣

二年陈芥子碾细，水调，捺实碗内，韧纸封固，沸汤三五次泡出黄水，覆冷地上，顷后有气，入淡醋，解开，布滤去渣。又法，加细辛二三分，更辣。

【译】两年的陈芥菜子，碾成细末，用水调一下，按实在碗里，再用韧纸封好，用开水冲三五次泡出黄水，盖起来放在凉地上，等一会儿有辛辣气味逸出，加入淡醋，然后除去韧纸，用布滤去渣子。还有一个方法：加入二三分细辛，则更辣。

酱佛手香橼梨子

梨子带皮入酱缸内，久而不坏。香橼去瓤酱皮，佛手全酱，新橘皮、石花、面筋皆可酱食，其味更佳。

【译】梨子带着皮放进酱缸里边，可放很久不会坏。香橼可以去掉瓤，只酱皮，佛手可以全酱。新鲜橘子皮、石花、面筋都可以酱过再吃，味道更好。

糟茄子法

五茄六糟盐十七，更加河水甜如蜜。

茄子五斤，糟六斤，盐十七两，河水两小碗拌糟，此茄味自甜。此藏茄法也，非暴用者。

又方：中样晚茄水浸一宿，每斤用盐四两，糟一斤，亦妙。

【译】五斤茄子，六斤糟，盐十七两，更加河水甜如蜜。

是说茄子五斤，糟六斤，盐十七两，用两小碗河水调拌酒糟，这样制作的糟茄子的味道自然甘甜，这个方法可以把茄子收藏起来慢慢食用，如果当时就要吃，这个方子不适用。

又一个方法：中等大小的晚茄子用水浸泡一宿，每斤盐四两，糟一斤，也很好。

糟姜法

姜一斤，糟一斤，盐五两，拣社日^①前可糟。不要见水，不可损了姜皮，用干布擦去泥。晒半干后，糟盐拌之入瓮。

【译】姜一斤，糟一斤，盐五两，选择社日之前糟。不要见水，不可以弄破姜的外皮，只能用干布擦去姜上的泥污。晒成半干之后，用糟和盐调拌了放进瓮里。

糖醋瓜

用六月伏旋摘白生瓜，以五十斤为率，破作两片，去其练^②，切作寸许大，厚三分三刀块子，然后将箩盛。于水洗净。每十斤用盐五两，缸内盐之，约一个时^③翻转，再过半时沥起，摊在芦席上，猛日中晒，令半干。先切橘皮丝、姜丝、花椒皮，炒盐筛净，将好醋下锅煎沸（每十斤用醋二十二两五钱，好砂糖十两，入盐醋内），倾于器中，候冷，将瓜干姜椒等入醋拌匀，过宿翻转，又一宿再翻后收藏。只要泡洗器具干净，断水迹。向阴处收藏。

【译】用六月三伏天刚摘下来的白生瓜，大概五十斤左右。每个瓜，用刀切作两半，去掉里边的瓤子，再切作一寸

饮馔服食笺

119

---

①社日：古时春秋两次祭祀土神的日子，一般在立春、立秋之后第五个戊日。

①练：白色的绢。此处喻为瓜的内瓤，柔白如练。

②一个时：古代一昼夜分为十二个时辰，一个时，即一个时辰，相当于现在的两小时；半时，相当于现在一小时。

左右大小，厚三分三的块子。然后用箩筐盛装用水洗净，每十斤用盐五两，在缸里面加盐腌上，大约过两小时，翻个个；再过一小时，取出沥掉水分，摊铺在芦席上面，在烈日下晒到半干。预先切好橘皮丝、姜丝、花椒皮，炒盐筛干净，再把好醋下锅煮开了（每十斤瓜用醋二十二两五钱，好砂糖十两放进盐醋之中），倒入别的容器中晾冷，把瓜、干姜、花椒等加进醋里拌匀。过一宿要翻一次，又一宿再翻一次，然后贮存起来。特别注意泡洗的器具要干净，没有水迹。在背阴地方贮存。

素笋鲊

用好麸①六七个，扯如小指大条子，秤五斤入汤内，煮之四沸，捺在笆箕内，带热榨干。先焙莳萝、茴香共半合，碾碎，不可细了。拣花椒片小半合，赤曲米大半合，以汤泡软；披葱头须半碗；杏仁一合许，去尖擂碎；用酒调汤。熬油二两于锅内，候热住火。先倾杏仁入油沸过，次下麸及料物，用铁铲频翻三四转。尝其咸淡，逐渐笮于器中，将温赤曲旋掺入捺实，以荷叶盖上，用竹片拴定，以石压之，三四个时辰可用。

【译】用六七个上好的面筋，把它扯成小姆指大小的条子，称五斤笋放在水里煮四个滚开，按在盛饭的竹筐里，趁热榨干水分。提前焙干莳萝和茴香共半合，碾碎，不要太细；

---

①麸：小麦的皮屑，也作麸筋（即面筋）的省称，此处指面筋。

取花椒片小半合，赤曲米大半合用开水泡软；葱头切碎半碗，杏仁一合左右，去皮去尖敲碎。用酒调和汤水。熬油二两，在锅里等热了，止住火，先下杏仁到油里炒一下，其次下面筋和其他料物，用铁铲频频翻转三四次。尝尝咸淡如何，逐渐用笊篱捞到容器中，把温热的赤曲米掺入按实了，用荷叶盖上，再用竹片固定起来，用石头压上，三四个时辰即可以食用了。

又笋鲊方

春间取嫩笋剥净，去老头，切作四分大一寸长块，上笼蒸熟，以布包裹，榨作极干，投于器中，下油用。制造与麸鲊同。

【译】春天时候取来嫩笋剥干净，去掉老的根头，切成四分大、一寸长的块，上笼蒸熟，用布包起来，挤汁挤到特别干，投入容器里，油炒后食用。制造要领与麸鲊相同。

糟萝葡方

萝葡一斤，盐三两，以萝葡不要见水，揩净，带须半根，晒干。糟与盐拌过，次入萝葡，又拌过，入瓮。此方非暴吃者。

【译】用萝卜一斤，盐三两。萝卜不要接触水，擦拭干净，带着须子和根子，晒干。先把糟和盐调拌过，然后加入萝卜，再调拌后，装进瓮里。这个制作方法不宜于制作当时就吃的萝卜。

做蒜苗方

苗用些少盐淹一宿，晾干，汤焯过，又晾干。以甘草汤拌过，上甑蒸之，晒干入瓮。

【译】蒜苗用少一点的盐，淹一宿，晾干了，再用开水焯过，再晾干了。用甘草汤拌过，上蒸饭的甑上蒸一会，晒干了存入瓮中。

三和菜

淡醋一分，酒一分，水一分，盐、甘草调和其味得所，煎滚，下菜，姜丝、橘皮丝各少许，白芷一二小片，糁菜。上重汤顿，勿令开，至熟食之。

【译】淡醋一分，酒一分，水一分。食盐、甘草调和得当，煮开，把菜下进去，姜丝、橘皮各少量，白芷一两小片，掺到菜里边，然后用大汤炖煮，不要打开锅，熟了即可食用。

暴齑

菘菜①嫩茎，汤焯半熟，扭干，切作碎段，少加油，略炒过，入器内，加醋些少，停少顷食之。

【译】取菘菜的嫩茎，用开水焯半熟，扭干了，切作碎段。锅里少加一些油，略炒一下，放入容器里，加一点醋，稍停一会儿即可食用。

胡萝葡菜

取红细胡萝葡切片，同切芥菜入醋略腌片时，食之甚脆。

---

①菘菜：即白菜。

仍用盐些少，大小茴香、姜、橘皮丝，同醋共拌腌食。

【译】取红色细胡萝卜，切成片，同时把芥菜也切成片，一起加上醋略微腌一会儿，吃着很脆。还可用少量的盐，大小茴香、姜、橘皮丝和醋一起调拌，稍腌，即可食用。

胡萝葡鲊（俗名红萝葡也）

切作片子，滚汤略焯，控干，入少许葱花、大小茴香、姜、橘丝、花椒末、红曲研烂，同盐拌匀，罨一时食之。又方，白萝葡、茭白生切，笋煮熟。三物俱同此法，作鲊可供。

【译】把胡萝卜切成片，用滚水略焯一下，控干，加进一点葱花、大小茴香、姜、橘丝、花椒末、研烂的红曲，加盐拌匀，盖在胡萝卜片上一会儿就可以吃了。又一个方子，白萝卜、茭白，生切成片，笋则要煮熟。这三种东西也用和上面相同的方法，作成鲊，可供食用。

晒淡笋干

鲜笋苗儿头不拘多少，去皮切片条，沸汤焯过，晒干收贮。用时米泔水浸软，色白如银。盐汤焯即腌笋矣。

【译】鲜笋苗头不限多少，去了皮切成片或条，滚开水焯过，晒干收起来。食用的时候，用淘米泔水浸泡变软，颜色洁白如银。用盐水焯过就是腌笋了。

蒜菜

用嫩白冬菜切寸段，每十斤用炒盐四两，每醋一碗，水二碗，浸菜于瓮内。

【译】较嫩的白冬菜，切成一寸长的段，每十斤用炒盐四两，每用一碗醋，加二碗水，把菜放在瓮里浸泡。

做瓜法

用坚硬生瓜切开去穰，揩干，不要犯水，切三角小块。以十斤为率，用盐半斤，放在大盆内浸一宿，明早以麻布袋之，用石压干。莳萝、茴香、花椒、橘皮、紫苏、生姜各五钱，俱切丝，和瓜拌匀，好砂糖十两，以醋二碗，碾糖极烂，以磁器盛之，把在日中晒，频翻转，以汁尽为度，干则入瓶收贮。

【译】坚硬的生瓜，切开去掉内瓤，擦干净，不要接触水，切成三角形小块。大概以十斤左右，用食盐半斤，放在大盆里浸泡一宿，第二天早晨用麻布袋装起来，用石头压干。小茴香、茴香、花椒、橘子皮、紫苏、生姜各五钱，都切成丝，与瓜块拌均匀。然后加上碾到极细的好砂糖十两、醋二碗，用瓷器盛起来，放在太阳底下晒，经常翻转，以汁液晒完为限度，干后放到瓶里贮存。

淡茄干法

用大茄洗净，锅内煮过，不要见水，擘开用石压干。趁日色晴，先把瓦晒热，摊茄子于瓦上，以干为度。可藏至正二月内，和物匀食，其味如新茄之味。

【译】选用大茄子，洗净，在锅里煮过之后，不要再见水，劈开用石头压干。趁着天晴有太阳，先把瓦晒热了，把茄子摊开晒在瓦片上，以晒干为限度。可藏到来年正月二月，和别的食物搭配食用，味道仍与新鲜茄子一样。

十香咸豉方

生瓜并茄子相半，每十斤为率，用盐十二两，先将内四两腌一宿，沥干。生姜丝半斤，活紫苏（连梗切断）半斤，甘草末半两，花椒（拣去梗核，碾碎）二两，茴香一两，莳萝一两，砂仁二两，藿叶半两（如无亦罢）。先五日将大黄豆一升煮烂，用炒麸皮一升拌罨做黄子，待热，过筛，去麸皮，止用豆豉。用酒一瓶，醋糟大半碗，与前物共和，泡干净瓮，入之捺实，用箬四五重盖之，竹片廿字扦定，再将纸箬扎瓮口，泥封，晒日中，至四十日取出，略晾干，入瓮收之。如晒可二十日，转过瓮，使日色周遍。

【译】生瓜和茄子各一半，大概以十斤左右，用盐十二两。先用四两盐把瓜和茄子腌一宿，沥干汁水。生姜丝半斤，活紫苏（连梗切断）半斤，甘草末半两，花椒（拣去里面的硬核，碾碎）二两，茴香一两，砂仁二两，藿叶半两（如果没有也可以）。提前五天把一升大黄豆煮烂，用炒麸皮一升，搅拌覆盖做黄子。等黄子熟了过筛，去掉麸子皮，只用豆豉。再用一瓶酒，醋和糟多半碗，同前边所列各种物品和在一起，泡在干净的瓮里，装进去按实，用箬竹叶盖上四五层，再用竹子片按廿字形扦住固定，再用箬竹叶扎住瓮口，用泥封起来，放到太阳底下晒，晒到四十天后取出来，稍微晾干一下，再装进瓮中收藏。如晒够二十天，要把瓮转个方向，使日光能均匀照到。

又造芥辣法

用芥菜子一合，入擂盆研细，用醋一小盏，以水和之，再用细绢挤出汁，置水缸凉处。临用时再加酱油、醋调匀，其辣无比，其味极妙。

【译】取一合芥菜子，放到研盆里研成细末，醋一小杯，加水把芥菜子末调和好，然后再用细绢挤出汁液，把这些汁液放在水缸阴凉之处。临用的时候，加上酱油、醋调匀，其辣无比，其味极妙。

芝麻酱方

熟芝麻一斗捣烂，用六月六日水煎滚，晾冷，用坛调匀，水淹一手指封口，晒五七天后开坛，将黑皮去后，加好酒酿，糟三碗，好酱油三碗，好酒二碗，红曲末一升，炒绿豆一升，炒米一升，小茴香末一两，和匀，过二七日后用。

【译】熟芝麻一斗，捣烂了，用六月六日雨水煎煮到滚开，再晾凉，放到坛子里调匀了，水要没过芝麻一手指高，封住坛子口。晒五七天之后打开坛子，把芝麻的黑皮去掉，加进好酒酿，糟三碗，好酱油三碗，好酒二碗，红曲末一升，炒绿豆一升，炒米一升，小茴香末一两，调和均匀，过两个七天之后即可食用。

盘酱瓜茄法

黄子①一斤，瓜一斤，盐四两，将瓜擦净，原腌瓜水拌匀酱黄，每日盘二次，七七四十九日入坛。

【译】黄子调料一斤，瓜一斤，盐四两，把瓜擦净，用原腌瓜水拌匀酱和黄子后放进瓜里。每天倒换两次，七七四十九天后，装进坛子。

干闭瓮菜

菜十斤，炒盐四十两。用缸腌菜，一层菜一层盐。腌三日取起，菜入盆内揉一次，将另过一缸，盐卤收起听用。又过三日，又将菜取起，又揉一次，将菜另过一缸，留盐汁听用。如此九遍完，入瓮内，一层菜上洒花椒、小茴香一层，又装菜。如此紧紧实实装好，将前留起菜卤每坛浇三碗，泥起，过年可吃。

【译】菜十斤，炒盐四十两。用缸腌菜，一层菜洒一层盐。腌三天后取出，在盆里把菜揉一次，装入另一个缸，盐卤收起来候用。过三天，再把菜取出，又揉一次，装入另一个缸，盐卤收起来候用。这样做九遍，做完了，把菜装到瓮里，铺一层菜洒上花椒、小茴香一层，再装菜。这样紧紧实实装好了，把以前留来的卤汁，每一坛浇入三碗，用泥封起，过年时可以吃。

---

①黄子：用熟豆渣等与麸子制成的一种调料。

撒拌和菜

将麻油入花椒，先时熬一二滚收起。临用时将油倒一碗，入酱油、醋、白糖些少，调和得法安起。凡物用油拌的，即倒上些少，拌吃绝妙。如拌白菜、豆芽、水芹，须将菜入滚水焯熟，入清水漂着，临用时榨干，拌油方吃。菜色青翠，不黑，又脆可口。

【译】芝麻油里加进花椒，先熬一两个滚开收起来。临用的时候，把油倒进一个碗里，再加进酱油、醋、少量白糖，调和适当放起来。凡是需用油拌的食物，就倒上一点，拌着吃，极好。如果拌白菜、豆芽、水芹，必须把菜放进滚水中焯熟，再放入清水中漂一会。临食用时把菜榨干，拌上油才吃。菜色青翠，不发黑，又脆生可口。

水豆豉法

将黄子十斤，好盐四十两，金华甜酒十碗，先日用滚汤二十碗，充调盐作卤，留冷淀清就用。将黄子下缸，入酒，入盐水，晒四十九日完，方下大小茴香（各三两）、草果（五钱）、官桂（五钱）、木香（三钱）、陈皮丝（一两）、花椒（一两）、干姜丝（半斤）、杏仁（一斤），各料和入缸内，又晒又打，三日，将坛装起，隔年吃方好，蘸肉吃更好。

【译】黄子十斤，好盐四十两，金华甜酒十碗。前一天用滚开水二十碗，充分调和盐当作卤，留下来冷却淀清了备用。把黄子下到缸里，加上酒，加上盐水，晒四十九天之后，才下大、小茴香（各三两）、草果（五钱）、官桂（五钱）、木香（三钱）、陈皮丝（一两）、花椒（一两）、干姜丝（半斤）、杏仁（一斤）。把各料和到缸里，又晒又打，三天后用坛子装起来。隔年再吃才好，蘸肉吃就更好了。

倒虀菜

每菜一百斤，用盐卤，调毛灰如干面糊口上，摊过封好，不必草塞。

【译】每用菜一百斤，用盐卤先腌，摊晾之后入瓮，把毛灰调和到像干面一样糊住瓮口，封好，不必用草塞。

辣芥菜清烧

用芥菜不要落水，晾干软了，用滚汤一焯就起，筅篱捞在筛子内晾冷，将焯菜汤晾冷，将筛子内菜，用松盐些少撒拌入瓶，后加晾冷菜卤，浇上，包好，安顿冷地上。

【译】芥菜不要见水，晾干软，用滚开水一焯，即用筅篱捞在筛子里晾凉，同时把焯菜的汤也晾凉。筛子里的菜，撒上一点盐调拌装在瓶子里，然后再浇上晾凉了的菜卤，包好，放置在凉地上。

蒸乾菜

将大窠好菜择洗净干，入沸汤内焯五六分熟，晒干，用盐、酱、莳萝、花椒、砂糖、橘皮同煮极熟，又晒干，并蒸片时，以磁器收贮。用时着香油揉，微用醋，饭上蒸食。

【译】把大棵的好菜择洗洁净，晾干，在开水中焯五六分熟，晒干，再用盐、酱、莳萝、花椒、砂糖、橘皮一起煮到极熟，又晒干，再上锅蒸一会儿，然后用瓷器收贮。用的时候，放香油揉搓，稍放一点醋，在饭上面蒸着吃。

鹌鹑茄

拣嫩茄切作细缕，沸汤焯过，控干，用盐、酱、花椒、莳萝、茴香、甘草、陈皮、杏仁、红豆蔻研细末拌匀，晒干，蒸过，收之。用时以滚汤泡软，蘸香油炸之。

【译】拣嫩茄子切成细丝，用开水焯过，控干水分，用盐、酱、花椒、莳萝、茴香、甘草、陈皮、杏仁、红豆蔻，共研作细末拌匀，晒干，再蒸过，收藏起来。吃的时候用滚开水泡软，用香油炸一下。

食香① 瓜茄

不拘多少切作棋子，每斤用盐八钱，食香同瓜拌匀，于缸内腌一二日取出，控干，日晒，晚复入卤水，次日又取出晒。凡经三次，勿令太干，装入坛内用。

【译】瓜茄不论多少都切成棋子块，每斤用盐八钱，食香同瓜拌均匀，在缸里腌一两天取出，控干水分，白天晒，晚上再泡在卤水里，第二天再取出来晒。这样经过三次，不要太干，装入坛子里备用。

①食香：大小茴香加姜、醋，称食香。

糟瓜茄

瓜茄等物每五斤盐十两，和糟拌匀，用铜钱五十文逐层铺上，经十日取钱，不用别换糟，入瓶收，久翠色如新。

【译】瓜茄等菜，每五斤用盐十两，和糟拌匀，用铜钱五十文逐层铺上，经过十天把钱取出来，不用换别的糟，装入瓶子，久放仍翠色如新。

莢白鲊

鲜莢切作片子，焯过控干，以细葱丝、莳萝、茴香、花椒、红曲研烂，并盐拌匀，同腌一时食。藕梢鲊同此造法。

【译】新鲜莢白切成片，焯过后控干水分。把细葱丝、莳萝、茴香、花椒、红曲研成细末，和盐一起拌匀，共同腌一个时辰即可食用。藕梢鲊的作法相同。

糖醋茄

取新嫩茄切三角块，沸汤漉过，布包榨干，盐腌一宿，晒干，用姜丝、紫苏拌匀，煎滚，糖醋泼浸，收入磁器内。瓜同此法。

【译】取鲜嫩的茄子，切成三角块，在滚开水里焯一下，用布包起来榨干水分，用盐腌一宿，晒干，再用姜丝、紫苏拌均匀，（再入水）烧滚，泼进糖醋浸泡，收到瓷器之中。糖醋瓜的做法相同。

糟姜

社前取嫩姜不拘多少，去芦①擦净，用酒和糟、盐拌匀，入磁坛中，上加沙糖一块，箬叶扎口，泥封，七日可食。

【译】在社日之前取嫩姜不管多少，去掉叶和茎，擦干净，用酒和糟、盐拌匀，放入瓷坛子里，上面加上一块沙糖，用箬竹叶扎上口，再用泥封死。七天后可以食用。

腌盐菜

白菜削去根及黄老叶，洗净控干。每菜十斤用盐十两，甘草数茎，以净瓮盛之。将盐撒入菜丫内，摆于瓮中，入莳萝少许，以手按实，至半瓮再入甘草数茎。候满瓮，用砖石压定。腌三日后，将菜倒过，扭去卤水，于干净器内另入，忌生水，却将卤水浇菜内。候七日，依前法再倒，用新汲水淹浸，仍用砖石压之。其菜叶美香脆。若至春间食不尽者，于沸汤内焯过，晒干收之。夏间将菜温水浸过，压干，入香油拌匀，以瓷碗盛于饭上，蒸过食之。

【译】白菜削去根和黄老叶子，洗净控干水分。每十斤白菜用盐十两，甘草几根，用洁净的瓮盛存。把盐撒进菜叶里面，摆放到瓮中，加进少量莳萝，用手按实。摆放到半瓮时，再加入甘草数根。到装满瓮了，用砖石压好固定。腌三天后，把菜倒过来，拧去其中的卤水，在干净容器里另放，忌避生水，把卤水再浇回菜里。到七天之后，按前面说的方法再倒，用

①去芦：姜的叶茎像芦苇，去掉姜的叶和茎叶去芦。

新打来的井水淹泡，还用砖石压上。这样做出来的菜叶子味美香脆。如果到春天吃不完，在沸水中焯过，晒干收贮。夏天用温水浸泡一下，压干，加上香油拌匀，用瓷碗盛放在饭上，蒸过食用。

蒜冬瓜

拣大者去皮穰，切如一指阔，以白矾石灰煎汤，焯过漉出控干。每斤用盐二两，蒜瓣三两，捣碎同冬瓜装入磁器，添以熬过好醋浸之。

【译】拣大个的冬瓜，去掉皮和瓤，切成一指宽的条，用白矾、石灰煎汤，焯过冬瓜滤出控干水分。每斤用盐二两，蒜瓣三两，捣碎，同冬瓜一起装入瓷器中，添上些熬过的好醋浸泡。

盐腌韭法

霜前拣肥韭无黄稍者，择净洗控干，于磁盆内铺韭一层，糁盐一层，候盐韭铺尽为度。腌一二宿，翻数次，装入磁器内，用原卤，加香油少许尤妙。或就韭内小黄瓜、小茄儿，别用盐腌去水，韭内拌匀收贮。

【译】霜降之前拣肥嫩没有黄梢的韭菜，择洗干净，控干水分。在磁盆里铺上韭菜一层，撒上一层盐，直到盐将韭菜盖住。腌一二宿，翻个倒几次，装到磁器里，用原卤，加点香油就更妙。或者在韭菜里腌小黄瓜、小茄子，但须用盐先腌去它们的水分，然后放入腌韭菜里拌匀，收贮。

造谷菜法

用春不老菜苔，去叶洗净，切碎如钱眼子大，晒干水气，勿令太干。以姜丝炒黄豆瓣，每菜一斤，用盐一两，入食香相停，揉回卤性，装入罐内，候熟随用。

【译】用春不老的菜苔，去掉叶子洗干净，切得像钱眼一般大小，晒干水气，但也不要太干。用姜丝炒黄豆瓣，每一斤菜，用一两盐，再加入同等量的食香，揉出卤汁，装入罐中，等熟了随时可用。

黄芽菜

将白菜割去梗叶，止留菜心。离地二寸许，以粪土壅平，用大缸覆之，缸外以土密壅，勿令透气，半月后取食，其味最佳。黄芽韭、姜芽、萝葡芽、川芎芽，其法亦同。

【译】把白菜去掉梗和叶，只留菜心。放菜的地方用粪土培平，高出地面两寸左右，然后用大缸盖住，缸外也用土填培，不要透气。半个月之后取出食用，味道最好。黄芽韭、姜芽、萝卜芽、川芎芽的做法相同。

【评】大白菜，上海人称作黄芽菜。北方黄芽菜为大白菜包去外帮，冬季在屋前挖坑，将白菜码放坑中，上覆马粪（可发热），然后盖严，经过一段时间长出嫩芽，为黄芽菜。可做"炉肉扒黄芽菜""黄芽菜炖丸子"。（佟长有）

酒豆豉方

黄子一斗五升，筛去面令净。茄五斤，瓜十二斤，姜筋十四两，橘丝随放，小茴香一升，炒盐四斤六两，青椒一斤，一处拌入瓮中，捺实，倾金华酒或酒娘，腌过各物两寸许，纸箬扎缚泥封，露四十九日，坛上写东西字记号，轮晒日满，倾大盆内，晒干为度，以黄草布置盖。

【译】黄子一斗五升，筛去粉面弄干净。茄子五斤，瓜十二斤，姜丝十四两，橘丝随意放一些，小茴香一升，炒盐四斤六两，青椒一斤，放在一起拌和后放入瓮中，按捺紧实，倒上金华酒或酒酿，要高过瓮中各物两寸左右，用箬竹扎缚再用泥封，露天放四十九天，坛子上写上"东""西"等记号轮流方向晒，轮流晒到日子，再倾倒在大盆里，晒干为止，用黄草布罩盖上面。

红盐豆

先将盐霜梅一个安在锅底下，淘净大粒青豆盖梅，又将豆中作一窝，下盐在内，用苏木煎水入白矾些少，沿锅四边浇下，平豆为度，用火烧干，豆熟（盐又不泛）而红。

【译】先把盐霜梅一个放在锅底下，用淘洗干净的大粒青豆盖上梅，青豆中间做一个窝，把盐下在里面，用苏木煎水少加些白矾，沿着锅的四边浇下去，直到水面与青豆齐平。然后用火烧到水干，豆熟变红，盐却并不泛出（被豆子吸收）。

五美姜

嫩姜一斤切片，用白梅半斤打碎去仁，入炒盐二两，拌匀晒三日，次入甘松一钱，甘草五钱，檀香末二钱，又拌晒三日，收用。

【译】嫩姜一斤切成片，白梅半斤打碎了去掉仁，加入炒盐二两，拌匀后晒三天。然后加上甘松一钱，甘草五钱，檀香末二钱，拌匀又晒三天。收藏待用。

腌芥菜（每菜十斤用盐八两为则）

十月内采鲜嫩芥菜，切碎汤焯，带水捞于盆内，与生莴苣、熟麻油、芥花、芝麻盐拌匀，实于瓮内，三五日吃，至春不变。

【译】每年十月以前，采鲜嫩的芥菜，切碎后开水焯过，带水捞到盆里，与生莴苣、熟麻油、芥花、芝麻盐拌均匀，装进瓮里按实，三五天可吃，到春天也不会变坏。

食香萝葡（每萝葡十斤用盐八两腌之）

切作骰子块，大盐腌一宿，日中晒干。切姜橘丝，大小茴香拌匀，煎滚熟醋浇上，用磁瓶盆盛日中，晒干收贮。

【译】萝卜切骰子大小的块，用大盐腌一夜，太阳底下晒干。切姜丝、橘丝，大小茴香拌均匀，浇上煎滚开的熟醋，用瓷盆盛好放在太阳下面，晒干收贮起来。

糟萝葡茭白笋菜瓜茄等物

用石灰白矾煎汤冷定，将前物浸一伏时，将酒滚热泡糟，入盐。又入铜钱一二文，量糟多少，加入腌十日取起，另换好糟，入盐酒拌入坛内，收贮，箬扎泥封。

【译】用石灰白矾煎汤冷却，把前面所述各种蔬菜浸泡一个时辰，用滚热的酒把糟泡开，再加盐，又加上一两文铜钱。按糟数量的多少，腌制十天取出，另换好糟，再加上盐酒拌匀放进坛子里，用箬竹扎紧，泥封收贮。

五辣醋方

酱一匙，醋一钱，白糖一钱，花椒五七粒，胡椒一二粒，生姜一分，或加大蒜一二蒲更妙。

【译】酱一匙，醋一钱，白糖一钱，花椒五七粒，胡椒一二粒，生姜一分，或加大蒜一二瓣更好。

野蔌^①类

余所选者与王西楼远甚，皆人所知可食者，方敢录存，非王所择，有所为而然也。

【译】我所选的和王西楼相比很不一样，但都是人们所熟知、可以食用的才敢记录保存，不同于王氏所选择，我是有目的这么做的。

黄香萱

夏时采花洗净，用汤焯，拌料可食。入爁素品如豆腐之类极佳。凡欲食此野菜品者，须要采洗洁净，仍看叶背心科小虫，不令误食。先办料头：每醋一大酒盅，入甘草末三分，白糖霜一钱，麻油半盏和起，作拌菜料头。或加捣姜些少，又是一制。凡花菜采来洗净，滚汤焯起，速入漂一时，然后取起榨干，拌料供食，其色青翠不变如生，且又脆嫩不烂，更多风味。家菜亦如此法。他若炙煿^②作菹，不在此制。

【译】夏季采花清洗干净，开水焯一下，拌上调料即可食用。如果掺进卤制素品如豆腐之类，极好。凡是想吃这类野菜食品的，必须采摘后冲洗洁净，还要看看叶子背面是否有细小的虫子，以免人误食。要先备办调料：每份一大酒盅醋，加入甘草末三分，白糖霜一钱，芝麻油半杯搅拌在一起，当

---

①蔌（sù）：菜肴，野菜。
②煿（bào）：同"爆"。

作拌菜用的调料。或者少加一点捣烂的姜，这又是一种办法。凡是花菜采摘下来都要洗干净，用滚开水焯过，迅速放到凉水中漂一下，然后取出来榨干，拌上调料供食用，其颜色青翠不变像新鲜的一样，并且脆嫩不烂，口味更好。家种的花菜也可用这个方法。如果是烤炙、爆炒或者作斋用，不在这个办法之内。

甘菊苗

甘菊花春夏旺苗嫩头采来，汤焯如前法，食之。以甘草水和山药粉拖苗油爇，其香美佳甚。

【译】春夏之交正当甘菊花苗生长旺盛之时，采集它的嫩头，用如同前面的方法开水焯后食用。用甘草水和山药粉末，把嫩苗放在里边拖一下，然后用油炸，味道香美好极了。

枸杞头

枸杞子嫩叶及苗头采取如上食法，可用以煮粥更妙。四时惟冬食子。

【译】枸杞的嫩叶和苗头，采集下来，如前面的方法食用，也可以用来煮粥，更好。四季中只有冬季才吃枸杞的果实。

菱科

夏秋采之，去叶去根，惟留梗上圆科，如上法，熟食亦佳，糟食更美，野菜中第一品也。

【译】夏季秋季采集，去掉叶子和根，只留梗上部的圆棵，制作也同上面的方法。煮熟了吃也好，糟了吃更美，真是野菜当中的第一品呀！

莼菜

四月采之，滚水一焯，落水漂用。以姜醋食之亦可，作肉羹亦可。

【译】莼菜在四月间采集，用滚开水一焯，放入凉水中浸漂待用。可以用姜、醋拌着吃，作肉汤也可以。

野苋菜

夏采，熟食，拌料炒食俱可，比家苋更美。

【译】夏天采集，做熟了吃。拌调料吃、炒着吃都可以。比家种的苋菜更好吃。

野白芥

四时采，嫩者生熟可食。

【译】一年四季都可以采摘，嫩的生熟都可以吃。

野萝葡

菜似萝葡，可采根苗熟食。

【译】长得像萝卜，可以采它的根和苗芽，做熟了吃。

蒌蒿

春初采心苗，入茶最香，叶可熟食，夏秋茎可作齑。

【译】初春时候采摘蒌蒿中心的嫩苗，放到茶叶里很香，叶子可以做熟了吃。夏秋时茎部可以做成齑。

黄连头

即药中黄连，采头盐腌晒干，入茶最佳，或以熟食亦美。

【译】就是药里面的黄莲。采它秧苗的头，用盐腌制后晒干。放到茶叶里面最好，或者做熟食用也很美。

水芹菜

春月采取，滚水焯过，姜醋麻油拌食，香甚。或汤内加盐，焯过晒干，或就入茶供亦妙。

【译】春季采集，用滚水焯过，再以姜、醋、芝麻油拌着吃，香得很。或者在水里加些盐，把水芹菜焯过之后晒干，或者加到茶叶里饮用，也很好。

茉莉叶

茉莉花嫩叶采洗净，同豆腐煨食，绝品。

【译】把茉莉花的嫩叶采来洗干净，同豆腐一起炖着吃，堪称绝品。

鹅脚花

采单瓣者可食，千瓣者伤人。汤焯，加盐拌料，亦可煨食。如入瓜齑炒食俱可，春时食苗。

【译】单瓣的鹅脚花可以吃，多瓣的会伤害人。用开水焯，加上盐拌上调料，也可以炖着吃。如果加进瓜齑炒着吃也可以。春天的时候应该吃其幼苗。

栀子花（一名檐葡）

采花洗净，水漂去腥，用面入糖盐作糊，花拖，油煤食。

【译】采集栀子花洗干净，用水漂去腥味，再用麦面加上糖、盐调作糊状，把花在糊中拖一下，油炸后食用。

金豆儿（即决明子）

采豆，汤焯可供茶料，香美甘口。

【译】采集金豆儿，用水焯过可作茶料，味道香美可口。

金雀儿

春初采花，盐汤焯，可充茶料，拌料亦可供馔。

【译】初春之时采集金雀儿花，用盐水焯过，可作茶料。拌上调料，也可以食用。

紫花儿

花叶皆可食。

【译】花和叶都可以吃。

香春芽 ①

采头芽汤焯，少加盐晒干，可留年馀。以芝麻拌供。新者可入茶，最宜炒面筋，食佳，豆腐、素菜，无一不可。

【译】采椿树头一茬的嫩芽，用水焯过，少加些盐晒干，可以保存一年多。用芝麻拌着吃。新摘下来的可以加到茶叶里边。最适合于炒面筋，好吃；炒豆腐、素菜，没有一样不可以。

---

① 香春芽：即香椿的嫩芽，有香味。

蓬蒿

采嫩头二三月中方盛取来，洗净加盐少腌。和粉作饼，油煠，香美可食。

【译】每年二三月间蓬蒿生长正是旺盛的时候，采下它的嫩头，洗净，加些盐稍腌一下。与面粉和起来做成饼，用油炸，香美可食。

灰苋菜

采成科熟食，煎炒俱可，比家苋更美。

采集整棵的灰苋菜，做熟了吃，煎炒都可以。比家种的苋菜味道更美。

桑菌柳菌

俱可食，采以同素品煨食。

【译】都可以吃，可采来与素食品一起炖着吃。

鹅肠草（粗者）

采可焯熟，拌料食之。

鸡肠草，同上食。

【译】鹅肠草可以焯熟后拌上调料食用。

鸡肠草，吃法同鹅肠草一样。

绵絮头

色白，生田埂上，采洗净，捣如绵，同粉面作饼食。

【译】绵絮头颜色是白的，生长在田埂上。采来洗净，捣软如绵，同面粉相和做饼吃。

荞麦叶

八九月采初出嫩叶熟食。

【译】八九月期间，采集刚长出的嫩叶，做熟了吃。

西洋太紫

七八月采叶，煺豆腐，炒品。

【译】七八月间采摘西洋太紫的叶子，用来炖豆腐，可称妙品。

蘑菇

采取晒干，生食作羹，美不可言。素食中之佳品也。

【译】采集回来，晒干了，生着吃或作羹汤，都妙不可言，真是素食中的好东西。

竹菇①

此更鲜美，熟食无不可者。

【译】这个就更鲜美了，熟着吃没有不可以的。

【评】可烹出"乳鸽炖竹荪""竹荪鸡汤"，也可用炒、扒、酿等多种方法烹调。其根部不能吃，口味生涩不佳。（佟长有）

金莲花

夏采叶梗（浮水面），汤焯，姜醋油拌食之。

【译】夏季采摘浮在水面上的叶子和梗，用开水焯过，

————————

①竹菇：即竹荪。

加姜、醋、芝麻油拌着吃。

天茄儿

盐焯供茶。姜醋拌供馔。

【译】用盐水焯后可以加进茶里饮用。姜醋一拌，也可以吃。

看麦娘

随麦生垅上，春采熟食。

【译】随着麦苗生在田垄上，春天可采来做熟了吃。

狗脚迹

生霜降时，叶如狗脚，采以熟食。

【译】生长在霜降的时候，叶子长得像狗脚。采集来可以做熟了吃。

斜蒿

三四月生，小者全科可用，大者摘嫩头。汤中焯过晒干，食时再用汤泡，料拌食之。

【译】三四月间生长，小的整棵都能用，大的只摘嫩头。开水焯过晒干，吃的时候再用水浸泡，用调料拌了吃。

眼子菜

六七月采。生水泽中，青叶紫背，茎柔滑，细长数尺，采以汤焯熟食。

【译】六七月期间采摘。眼子菜生在湿洼地中，青叶紫背，茎秆柔滑细长，有好几尺长。采来用开水焯熟了吃。

地踏叶

一名地耳，春夏生雨中，雨后采用，姜醋熟食。日出即没而干枝。

【译】又叫地耳。春夏两季下雨时生，雨后采来食用。用姜、醋调味，做熟了吃。太阳一出来就没有，仅剩下干枝了。

窝螺荠

正二月采之熟食。

【译】正月、二月期间采集，做熟了吃。

马齿苋

初夏采，沸汤焯过，晒干，冬用旋食。

【译】初夏时采集，用沸水焯过，晒干。冬季可随时食用。

马兰头

二三月丛生。熟食，又可作齑。

【译】二三月里丛生。即可做熟了吃，又可以作齑。

菌陈蒿（即青蒿儿）

春时采之，和面作饼炊食。

【译】春天采集，掺在面里和面作饼或蒸着吃都可以。

雁儿肠

二月生，如豆芽菜，熟食，生亦可食。

【译】二月间生，像豆芽菜。可做熟了吃，生的也可以吃。

野荭白菜

初夏生水泽旁，即荭芽儿也，熟食。

【译】初夏时生在湿洼地旁，就是荭芽儿，做熟了吃。

【评】此菜一般产于江南，北方较少。明代有一首"咏荭"之诗：翠叶森森剑有棱，柔柔松甚比轻冰；江湖若假秋风便，如与鲈莼伴季鹰。其中提到江南三大名菜——荭白、莼菜、鲈鱼。（佟长有）

倒灌荠

采之熟食，亦可作齑。

【译】采集来，做熟了吃。也可以做齑。

苦麻台

三月采，用叶捣和面，作饼食之。

【译】三月间采集，把叶子捣烂和面，做饼吃。

黄花儿

正二月采，熟食。

【译】正月、二月采集，做熟了吃。

野荸荠

四时采，生熟可食。

【译】一年四季都可以采集，生熟都可以吃。

野绿豆

叶茎似绿豆而小，生野田，多藤蔓，生熟皆可食。

【译】叶子和茎干都像绿豆，但都小一些，生长在田野里，藤蔓较多，生熟都可以吃。

油灼灼

生水边，叶光泽，生熟皆可食。又可腌作干菜蒸食。

【译】生长在水边，叶子有光泽，生熟都可以吃。又可以腌成干菜，蒸着吃。

板荞荞

正二月采之炊食，三四月不可食矣。

【译】正月、二月期间采集，蒸着吃。三月、四月就不能吃了。

碎米荠

三月采，止可作齑。

【译】三月间采集，只可以做齑。

天藕儿

根如藕而小，炊熟作藕菜，拌料食之。叶不可食。

【译】根像藕，但个头较小。蒸熟了当做藕菜，拌上调料食用。叶子不能吃。

蚕豆苗

二月采为茹，麻油炒，下酱盐煮之，少加姜葱。

【译】二月间采来作为蔬菜，用芝麻油炒，或加上酱和盐煮均可，少加一些姜和葱。

苍耳菜

采嫩叶，洗焯，以姜、盐、苦酒拌食，去风湿，子可杂米粉为糗①。

【译】采摘苍耳的嫩叶，洗干净，用开水焯过，再用姜、盐、醋拌着吃，能去风湿。苍耳的子可以掺杂米粉做成干粮。

芙蓉花

采花去心蒂，滚汤泡一二次，同豆腐，少加胡椒，红白可爱。

【译】采摘芙蓉花，去掉花心和根蒂部分，用滚开水浸泡一两次，同豆腐一起吃，少加点胡椒。红白颜色相映，很可爱。

葵菜（此蜀葵，丛短而叶大，性温）

采叶，与作菜羹同法食。

【译】采蜀葵的叶子，用与做菜羹同样的方法食用。

丹桂花

采花，洒以甘草水，和米舂粉作糕，清香满颊。

【译】采集丹桂的花，洒上一些甘草水，跟米一起舂作粉，做糕，吃后清香满颊。

莴苣菜

采梗，去叶去皮，寸切，以滚汤泡之，加姜、油、糖、醋拌之。

---

①糗（qiǔ）：干粮，有粉状的和粒状的。

【译】只用梗，去掉叶子和皮，切成寸长，用滚开水浸泡，加上姜、油、糖、醋拌着吃。

牛蒡子

十月采根洗净，煮毋太甚，取起搥碎匾，压干，以盐、酱、萝、姜、椒、熟油诸料拌浸一二日，收起焙干，如肉脯味。

【译】十月间采集牛蒡根，洗净，不要煮得太过，取出来搥碎捶扁，再压干。然后用盐、酱、萝、姜、花椒、熟油各种调料调拌浸上一两天，收起来焙干，有肉脯的味道。

槐角叶

采嫩叶细净者捣为汁，如面作淘，以醯酱为熟齑食。

【译】采嫩叶较小而干净的，捣成汁液，和面做成凉粉，用酱和醋做熟当斋食用。

椿树根

秋前采根，捣筛和面作小面块，清水煮服。

【译】秋季以前采椿树根，捣碎，筛出细末，和面做成小面块，用清水煮熟食用。

百合根

采根瓣晒干，和面作汤饼蒸食，甚益气血。

【译】采集百合的根瓣，晒干，和面做成汤饼蒸熟食用，很有益气血。

括蒌根

深掘大根，削皮至白，寸切水浸，一日一换，至五七日后，收起捣为浆末，以绢滤其细浆粉，候干为粉，和粳粉为粥，加以乳酪，食之甚补。

【译】挖掘深处的括蒌大根，削去根上的皮直至见到白质，切成寸段用水浸泡，一天一换水，到五至七天之后，收起来捣成浆末，再用绢滤出细浆，晾干即成粉，和粳米粉熬成粥，加上些乳酪，吃了对身体很有滋补作用。

凋菰米 [①]

凋菰即今胡米祭也，暴干，䃪 [②] 洗造饭，香不可言。

【译】凋菰米就是现今说的胡米祭，太阳晒干，清洗磨成米，做饭，味道香得没法说。

锦带花

采花作羹，柔脆可食。

【译】采锦带花作成汤羹，柔脆适口。

菖蒲

石菖蒲、白术煮为末，每一斤用山药三斤，蜜水和入面内，作饼蒸食。

【译】取石菖蒲、白术煮成末，每一斤用山药三斤，再用蜜水，一起和入面粉中，做成饼，蒸熟食用。

---

①凋菰米：也叫雕菰米、雕胡米、菰米。未被黑粉菌侵入的茭白所结的颖果。
②䃪（lóng）：同"砻"，磨也。

李子

取大李子剜去核，用白梅、甘草泡，滚汤焯之，以白糖和松子、榄仁研末填，入甑上，蒸熟食之。

【译】取大个李子，剜去核，用白梅、甘草浸泡，滚开水焯过，用白糖和松子、橄榄仁研成粉末，填到里面，在甑上蒸熟食用。

山芋头

采芋为片，用榧子①煮过，去苦杏仁为末，少加酱水或盐和面，将芋片拖煎食之。

【译】采芋头切成片，用榧子水煮过，去掉苦味的杏仁研为末，少加一些酱水或盐和成面糊，将芋片在糊中拖过，煎食。

东风荠（即荠菜也）

采荠一二升洗净，入淘米三合，水三升，生姜一芽头，捣碎同入釜中和匀，上浇麻油一蚬壳，再不可动，以火煮之（动则生油气也）。不着一些盐醋。若知此味，海陆八珍皆可厌也。

【译】采集荠菜一二升，洗干净。加入淘洗过的米三合，水三升，生姜一芽头，捣碎了一起倒进锅里拌均匀，上面再浇上芝麻油一蚬壳，再不要动（动就会生油气），用火来煮。不用放一点盐、醋。要是尝过了这种食品的味道，海中陆地上的八珍都不想吃了。

---

①榧（fěi）子：即香榧的种子，可食用、榨油或入药。

玉簪花

采半开蕊，分作二片或四片，拖面煎食，若少加盐、白糖入面调匀，拖之，味甚香美。

【译】采半开的玉簪花蕊，分成二片或四片，拖过面糊，煎着吃。如果少加一些盐、白糖，在面糊中调匀，再拖过，味道更香美。

栀子花（又一法，再录）

采半开花矾水焯过，入细葱丝、大小茴香、花椒，红曲、黄米饭研烂，同盐拌匀，腌压半日食之。用矾焯过，用蜜煎之，其味甚美。

【译】采半开的花，用矾水焯过，加进葱丝、大小茴香、花椒、红曲、黄米饭研烂，与盐拌均匀，腌压半天后食用。用矾水焯过，用蜜煎食，味道也很美。

木菌

用朽桑木、樟木、楠木截成一尺长段，腊月扫烂叶，择肥阴地和木埋于深畦，如种菜法。春月用米泔水浇灌，不时菌出，逐日灌以三次，即大如拳。采同素菜炒食、作脯俱美，木上生者且不伤人。

【译】用已经朽了的桑木、樟木、楠木，截成一尺长的段，腊月收集来的烂树叶，选择比较肥沃又背阴的地方，把叶子和木段都埋入深畦里，像种菜那样。春季用淘米泔水浇灌。

不用多长时间，木菌就长出来了。每天浇灌三次，菌体就长到大如拳头。采下与素菜炒着吃、做干肉，都很美妙，而且木头上生长的东西，也不伤害人的身体。

藤花

采花洗净，盐汤洒拌匀，入甑蒸熟，晒干，可作食馅子，美甚，荤用亦佳。

【译】采集藤花，洗干净，用盐水洒拌均匀，放到甑上蒸熟，再晒干，可以作食品的馅料，好得很。荤菜用它也很好。

江荠

生腊月，生熟皆可食，花时勿食，但可作齑。

【译】江荠生于腊月，生熟都可以吃。开花的时候不能吃，但可以作齑。

商陆

采苗茎，洗净熟蒸食，加盐料，紫色者味佳。

【译】采集商陆的苗和茎，洗干净后蒸熟了吃，吃时可加些盐和调料。紫颜色的商陆味道好。

牛膝

采苗如剪韭法，可食。

【译】采牛膝的苗，像剪韭菜的方法，可以吃。

湖藕

采生者截作寸块汤焯，盐腌去水，葱油少许，姜、桔丝，大小茴香，黄米饭研烂细拌，荷叶包压，隔宿食之。

【译】采生的湖藕，截成一寸的块，用开水焯过，再加盐腌，去掉水分，再加上少许葱油，与姜丝、橘丝、大小茴香、黄米饭一起研烂细拌，用荷叶包起来压上。隔一宿食用。

防风

采苗，可作菜食。汤焯，料拌，极去风。

【译】采防风的苗，可以当菜吃。开水焯过，拌上调料，祛风效果极好。

芭蕉

蕉有二种，根粘者为糯蕉，可食。取根，切作手大片子，灰汁煮令熟，去灰汁又以清水煮，易以二次，令灰味尽。取压干，以盐、酱、大小茴香、花胡椒、干姜、熟油研拌蕉根，入缸钵中腌一二日取出，少焙略熟令软，食之全似肥肉。

【译】芭蕉有两种，根发黏的叫糯蕉，可以吃。取糯蕉的根，切成手那么大的片子，用灰水煮熟，去掉灰汁再用清水煮，换两次水，这样又可以去掉灰味。取出来压干，用盐、酱、大小茴香、花胡椒、干姜、熟油来拌蕉根，放进缸钵里，腌一两天取出，稍稍焙一下，略有些熟就变软了，吃着完全像肥肉一样。

水菜

状似白菜，七八月间生田头水岸，丛聚，色青，汤焯酱煮可食。

【译】形状像白菜，七八月的时候生在田头水岸，是丛聚着生的，颜色青翠，用开水焯，用酱汤煮，都可以吃。

莲房

取嫩，去皮子并蒂，入灰煮，又以清水煮，去灰味，同蕉脯焙干，石压令匾，作片食之。

【译】取嫩的莲房，去掉外皮和根蒂，用灰水煮，又用清水煮，去掉灰味，同做蕉脯一样的方法焙干，用石头压扁了，一片一片地吃。

【评】莲房即莲蓬壳，广产于全国南北各地。（佟长有）

苦盆菜（即胡麻）

取嫩叶作羹，大甘脆滑。

【译】取胡麻嫩叶做汤羹，非常可口且又脆又光滑。

松花蕊

采去赤皮，取嫩白者蜜渍之，略烧，令蜜熟（勿太熟），极香脆美。

【译】去掉红皮，取嫩白的用蜂蜜腌制一下，稍微加温，让蜂蜜熟了（不要太熟），非常香甜脆美。

白芷

采嫩根，蜜渍糟藏皆可食。

【译】采白芷的嫩根，用蜂蜜渍制或糟制的，都可以吃。

防风芽

采芽如胭脂色者，如常菜拌料食之。

【译】采集像胭脂色的防风芽，如平常的蔬菜用调料拌着吃。

天门冬芽

川芎芽、水藻芽、牛膝芽、菊花芽、荇菜芽，同上拌料，熟食。

【译】川芎芽、水藻芽、牛膝芽、菊花芽、荇菜芽，同样如上面方法拌好调料，做熟了吃。

水苔

春初采嫩者，淘择令极净，更洗去沙石虫子，以石压干，入盐、油、花椒，切韭菜，同拌入瓶，再加醋姜，食之甚美。又可油炒，加盐酱亦善。

【译】春初采集嫩水苔，淘洗挑选干净，更要洗去沙子、石头和小虫，用石头压干，加入盐、油、花椒，切韭菜，拌后装进瓶里，再加入醋和姜，吃着很美。又可以油炒，加上盐、酱也很好。

蒲芦芽

采嫩芽切断，以汤焯，布裹压干，加料，如前作鲊，妙甚。

【译】采集蒲芦的嫩芽，切断，开水焯过，用布包起来压干，加上各种调料，就像前面的办法做成鲊，好得很。

凤仙花梗

采梗肥大者去皮，削令干净，早入糟，午间食之。

【译】采凤仙花粗大的梗，去掉皮，切削干净，早晨放进糟里，中午时即可以吃。

红花子

采子淘去浮者，碓内捣碎，入汤泡汁，更捣，更煎汁，锅内沸，入醋点住，绢挹之。似肥肉，入素食极精美。

【译】采红花的子实，淘去漂在水面上的，在石臼里边捣碎，加上水泡为汁液，再捣，再煎其汁液，待锅滚开了，点醋止住，然后取出用绢过滤。味似肥肉，加入素食中，非常好吃。

金雀花

春初开，形状金雀，朵朵可摘，用汤焯作茶供。或以糖霜、油、醋拌之，可作菜，甚清。

【译】春初开花，形状像金雀，朵朵都可以单独摘下来，用开水焯过可以加到茶里饮用。或者用糖霜、油、醋拌好，可以作菜食用，很清口。

寒豆①芽

用寒豆淘净，将蒲包趁湿包裹。春冬置炕傍边近火处，夏秋不必。日以水喷之，芽出，去壳洗净，汤焯入茶供。芽

①寒豆：一说是豌豆，一说是蚕豆。

长作菜食。

【译】用水把寒豆淘洗干净，趁湿用蒲包包起来。春季冬季放在炕旁边接近火的地方，夏季秋季就不用了。每天用水喷它，芽儿出来了，去掉外壳洗干净，开水焯过，可以加进茶里饮用。芽长长了可以作菜食用。

黄豆芽

大黄豆如上法，待其出芽些少许，取起淘去壳，洗净煮熟，加以香蕈、橙丝、木耳、佛手、柑丝拌匀，多著麻油、糖霜，入醋拌供。

【译】大黄豆，也用上面的方法。等到已经长出了短芽，取出来淘洗去壳，再洗净煮熟，加上香蕈、橙丝、木耳、佛手、柑丝拌匀，多放芝麻油、糖霜，再加点醋，拌着吃。

酿造类

此皆山人家养生之酒，非甜即药，与常品迥异，豪饮者勿共语也。

【译】这些都是山野人家养生的酒，不是甜味就是药味，与通常所说的酒完全是两回事，因而这里与豪饮者没有共同语言。

酒类

桃源酒

白曲二十两剉如枣核，水一斗浸之待发。糯米一斗淘极净，炊作烂饭，摊冷，以四时消息气候投放曲汁中，搅如稠粥，候发，即更投二斗米饭。尝之或不似酒，勿怪，候发，又二斗米饭，其酒即成矣。如天气稍暖，熟后三五日瓮头有澄清者，先取饮之，纵令醋酽，亦无伤也。此本武陵桃源①中得之，后被《齐民要术》中采掇编录，皆失其妙，此独真本也。今商议以空水浸米尤妙。每造一斗水煮，取一升澄清汁，浸曲候发，经一日，炊饭候冷，即出瓮中，以曲和，还入瓮中，每投皆如此。其第三、第五皆待酒发后，经一日投之。五投毕，待发完讫一二日可压，即大半化为酒。如味硬，即每一斗蒸

---

①武陵桃源：地名。见陶渊明《桃花源记》，此处指今湖南常德。文中所谓"《齐民要术》采掇编录，皆失其妙"的论断不符实际。

三升糯米，取大麦蘖曲^①一大匙，白曲末一大分，熟搅和盛葛布袋中，纳入酒甏^②，候甘美即去其袋。然造酒北方地寒，即如人气投之，南方地暖，即须至冷为佳也。

【译】白曲二十两，剉成枣核大小，用水一斗浸泡白曲，等其发酵。糯米一斗，淘洗到特别干净，蒸成熟烂的饭，摊开晾凉，根据四季不同温度气候投放到曲汁之中，搅拌得像稠粥，等其发酵出酒，之后再投入二斗米饭。尝一尝，也许不像酒，不必奇怪，再等其发酵，再投入二斗米饭，这时酒就酿成了。如果天气稍暖一些，熟了之后三五天，甏的上头有澄清的汁液，可先取来喝了，就是酢饮，也没什么伤害。这个方法本是从武陵桃源那里得到的，后来被《齐民要术》采集编录，但都失去了妙处，这里才是真本。现在商讨用空水浸泡米，尤其美妙。每造一斗米用水煮，取一升的澄清汁液，浸泡曲子等候发酵。经过一天，蒸的饭放凉了，就从甏中取出，用曲拌和了再装回甏里，每次投米饭都是这样。其中第三、第五投，都是等酒发酵之后，经过一天再投。五投完毕，等发酵完了一两天可以压，这样就大半能化成酒。如果酒味硬，就每一斗蒸三升糯米，取大麦蘖曲一大汤匙、白曲末一大分，熟后搅和盛入葛布袋子里，放入酒坛。等到酒味甘美了，就去掉葛袋。然而造酒北方寒冷，米饭在与人体温度相当时才

①大麦蘖（niè）曲：大麦发芽后制成的酒曲。曲，含有大量能发酵的活微生物或其酶类的发酵剂或酶制剂。

②甏（bèng）：木瓮、坛子，一种小口大腹的陶制容器。

可投进去；南方温暖，米饭晾凉了就可投了。

香雪酒①

用糯米一石，先取九斗，淘淋极清，无浑脚为度。以桶量米准作数，米与水对充（水宜多一斗，以补米脚），浸于缸内。后用一斗米，如前淘淋，炊饭埋米上，草盖覆缸口。二十余日，候浮，先沥饭壳，次沥起米，控干，炊饭，乘热用原浸米水（澄去水脚），白曲作小块二十斤拌匀，米壳蒸熟放缸底（如天气热，略出火气），打拌匀，后盖缸口，一周时②打头耙③，打后不用盖。半周时打第二耙，如天气热，须再打出热气。三扒打绝，仍盖缸口，候熟。如用常法，大抵米要精白，淘淋要清净，耙要打得热气透，则不致败耳。

【译】用糯米一石，先取九斗，淘洗冲淋得非常清洁，以没有浑浊残渣为标准。之前先用桶把米量准确，米和水对半搭配浸泡在缸里（水应该多一斗，以补充米的浑渣）。然后用另一斗米，像前边一样淘淋，做成熟饭盖在缸里九斗米之上，用草覆盖好缸口。二十多天后，等米饭浮起，先滤出饭壳，其次滤出米来，控干了，蒸饭趁热用原来浸泡过米的水（澄清去掉水底部的浑汤），及二十斤小块的白曲拌均匀，把原先的米壳再蒸熟了放在缸底部（如果天气热，略微放出一点热气），打拌均匀，然后盖好缸口。一昼夜后，打头耙，

①香雪酒：一种绍兴酒。
②一周时：即一昼夜。
③耙（pá）：爬疏工具，有齿。

打过后不用加盖，半周的时候打第二把。如果天气热，必须再打出热气。最后打完第三把，盖上缸口，等待里面酒浆成熟。如果用平常方法，大概米要精白，淘淋要清洁干净，把要打得热气透出，这样，就不至于失败了。

碧香酒

糯米一斗，淘淋清净，内将九升浸瓮内，一升炊饭，拌白曲末四两，用篘^①埋所浸米内。候饭浮捞起，蒸九升米饭，拌白曲末十六两。先将净饭置瓮底，次以浸米饭置瓮内，以原淘米浆水十斤或二十斤，以纸四五重密封瓮口。春数日，如天寒，一月熟。

【译】糯米一斗，淘洗冲淋到非常干净，其中九升米浸泡在瓮里，另一升蒸成饭，拌白曲末四两，用篘盛了埋在所浸泡的米中。待饭浮上来就捞起来，再蒸那九升米成饭，拌白曲末十六两。先把一升米的饭放到瓮底部，然后放置浸过的米饭到瓮里，用原来淘米的浆水十斤或二十斤入瓮，再用四五层纸严实封上瓮口。春季几天就成熟，如果天气寒冷，一个月也会成熟。

腊酒

用糯米二石，水与酵二百斤，足秤，白曲四十斤，足秤，酸饭二斗，或用米二斗起酵。其味醲而辣，正腊中造。煮时大眼篮二个，轮置酒瓶在汤内，与汤齐滚取出。

①篘（chōu 抽）：用竹蔑编成的滤酒工具。

【译】用糯米二石，水和酵二百斤，要足秤。白曲四十斤，也要足秤。酸饭二斗，或是用二斗米发酵。它的味道浓而且辣，正月、腊月当中制造。煮的时候用大眼篮子两个，轮流放酒瓶在水里，与开水一起沸滚时取出。

建昌 ① 红酒

用好糯米一石，淘净倾缸内，中留一窝，内倾下水一石二斗。另取糯米二斗，煮饭摊冷，作一团放窝内，盖讫。待二十余日，饭浮浆酸，去浮饭，沥干浸米。先将米五斗淘净，铺于甑底，将湿米次第上去，米熟略摊，气绝，翻在缸内中盖下。取浸米浆八斗，花椒一两，煎沸出镬，待冷用白曲三斤，捣细好酵母三碗，饭多少如常酒放酵法，不要厚了。天道极冷放暖处，用草围一宿，明日早将饭分作五处，每放小缸中用红曲一升，白曲半升，取酵亦作五分，每分和前曲饭，同拌匀，踏在缸内，将余在熟米尽放面上，盖定，候二日打耙。如面厚三五日打不遍，打后面浮涨足，再打一遍，仍盖下。十一月二十日熟，十二月一月熟，正月二十日熟，余月不宜造。榨取澄清，併入白檀少许，包裹泥定。头糟用熟水，随意副入，多二宿便可榨。

【译】用好糯米一石，淘洗干净倒入缸内，中间留一个窝，向窝里倾倒水一石二斗。另取糯米二斗，煮成熟饭，摊开晾凉，团成一团放入窝内，盖好。到二十多天，米饭浮起

①建昌：明代建昌属于四川。

浆水发酸，去掉浮着的饭，沥干水浸泡着的米。先把其中五斗米淘洗干净，铺在缸的底部，再把湿米依次放上去。米熟了可以稍摊一下，热气没有了，就翻到缸里加上盖。再取来浸米水八斗，花椒一两，煮开了出锅，等凉了用白曲三斤，捶细好酵母三碗，按饭的多少像平常酒放酵的办法，不要放得太厚了。天气极冷要放在暖和地方，用草把缸围上一宿，第二天一早把饭分作五分，每分放入小缸中，用红曲一升，白曲半升，酵母也分成五分，每一分和入前述的曲和饭，搅拌均匀，放在缸里踩，把剩下的熟米都放在上面，把缸盖定，过两天打耙。如果面太厚三五天打不了一遍，打过后面浮起涨足了，再打一遍，仍然盖好。十一月二十日成熟，十二月一月成熟，正月二十日成熟，其他月份不适于酿造。榨取汁液澄清后，少加入一些白檀，然后包裹用泥封定。头糟用熟水，随便加入，最多两宿就可以榨取了。

五香烧酒

每料糯米五斗，细曲十五斤，白烧酒三大坛，檀香、木香、乳香、川芎、没药各一两五钱，丁香五钱、人参四两各为末。白糖霜十五斤，胡桃肉二百个，红枣三升去核。先将米蒸熟，晾冷，照常下酒法，则要落在瓮口，缸内好封口，待发微热，入糖并烧酒、香料、桃、枣等物在内，将缸口厚封，不令出气，每七日开打一次，仍封到七七日，上榨如常。服一二杯，以腌物压之，有春风和熙之妙。

【译】每次用糯米五斗，细曲十五斤，白烧酒三大坛，檀香、木香、乳香、川芎、没药各一两五钱，丁香五钱、人参四两，各研为末。白糖霜十五斤，核桃仁二百个，红枣三升去核。先把糯米蒸熟，晾凉了，按照平常酿酒的方法，糯米要堆到瓮口，缸内要放好封口，等发出微热，加上糖和烧酒、香料、桃、枣等物品在里边，把缸口厚实地封住，不让它冒出气。每七天打开一次，一直封到七七四十九天，压榨如常规做法。饮用一二杯，以腌菜下酒，真有享受春风和煦的美妙感受。

山芋酒

用山药一斤，酥油三两，莲肉三两，冰片半分同研如弹。每酒一壶，投药一二丸，热服有益。

【译】用山药一斤，酥油三两，莲肉三两，冰片半分，一起研搓成弹丸大小。每一壶酒，投入药丸一两丸，把酒加热了再喝，对身体有益。

葡萄酒

法用葡萄子取汁一斗，用曲四两，搅匀入瓮中，封口自然成酒，更有异香。

又一法：用蜜三斤，水一斗，同煎，入瓶内候温，入曲末二两，白酵二两，湿纸封口放净处。春秋五日，夏三日，冬七日，自然成酒，且佳。行功导引之时饮一二杯，百脉流畅，气运无滞，助道所当不疲。

【译】榨取葡萄汁一斗，用曲四两，搅匀后装入瓮中，封上口，自然成了葡萄酒，而且更有异香味。

又一个方法：用蜂蜜三斤，水一斗，一起煎煮，装入瓶子里等还有些温热，加入曲末二两，白酵二两，用湿纸封口放在干净地方。春季、秋季要五天，夏季三天，冬季七天，自然成酒，而且好。行功导引时喝上一两杯，百脉流畅，气运无滞，助人行道很是适宜，不会感到疲劳。

黄精酒

用黄精四斤，天门冬去心三斤，松针六斤，白术四斤，枸杞五斤，俱生用。纳釜中，以水三石，煮之一日，去渣，以清汁浸曲，如家酝法。酒熟，取清，任意食之，主除百病，延年，变须发，生牙齿，功妙无量。

【译】用黄精四斤，三斤去掉芯的天门冬，松针六斤，白术四斤，枸杞五斤，都用生的。放到锅里，加水三石，煮上一天，去掉渣子，用清汁浸泡酒曲，如家居酿酒的办法。酒成熟了，取清汁，任意饮用，能除百病，延长寿命，白发变黑，再生牙齿，功效之大不可限量。

白术酒

白术二十五斤，切片，以车流水二石五斗浸缸中二十日，去渣倾汁大盆中，夜露天井中，五夜，汁变成血，取以浸曲作酒。取清服，除病延年，变发坚齿，面有光泽，久服长年。

【译】白术二十五斤，切成片，用车流水二石五斗，浸泡在缸里二十天，然后去掉渣子，倒在大盆里，夜间不加盖放在天井中。经五个夜晚，汁液会变成血色，用它来浸泡曲子做成酒。取清的部分饮服，可以除去疾病、延长寿命，须发改色，坚固牙齿，面有光泽，长期饮用会长寿。

地黄酒

用肥大地黄切一大斗，捣碎，糯米五升作饭，曲一大升。三物于盆中揉熟相匀，倾入瓮中，泥封。春夏二十一日，秋冬须二十五日，满日开看，上有一盏绿液，是其精华，先取饮之。余以生布绞汁如饴，收贮味极甘美，功效同前。

【译】用肥大的地黄，切一大斗，捣碎了，取糯米五升蒸成饭，曲一大升，把这三种物品在盆里揉搓均匀了，倾倒在瓮里，用泥封住。春夏季放二十一天，秋冬季必须二十五天，满期限打开看，上部会有一杯左右的绿色汁液，这是其中的精华，先取出饮用。剩余部分用生布绞出汁液，像饴糖一样，收贮起来，味道非常甘美，其功效与白术酒同。

菖蒲酒

取九节菖蒲，生捣绞汁五斗，糯米五斗炊饭，细曲五斤相拌令匀，入瓷坛密盖二十一日即开，温服。日三服之，通血脉，滋荣胃，治风痹，骨立痿黄，医不能治，服一剂，百日后颜色光彩，足力倍常，耳目聪明，发白变黑，齿落更生，夜有光明，延年益寿，功不尽述。

【译】取九节生菖蒲，捣碎绞出五斗汁液。用五斗糯米蒸熟饭，细曲五斤，互相搅拌均匀，倒入瓷坛严密封盖二十一天即可打开，温后服用。日服三次，可以疏通血脉，滋阴健胃，治疗风痹、身体骨立痿黄；医生治不了的，服一剂此酒，百日之后就会肤色光鲜，脚的力气倍于平常，耳聪目明，头发白变黑，牙齿掉了会新生，夜间亦觉有光，延年益寿，功效说不完。

羊羔酒

糯米一石如常法浸浆，肥羊肉七斤。曲十四两，杏红一斤煮去苦水。又同羊肉多汤煮烂，留汁七斗，拌前米饭，加木香一两同酝，不得犯水，十日可吃，味极甘滑。

【译】糯米一石，用通常的方法浸浆，肥羊肉七斤。曲十四两，杏红一斤煮去苦水，同羊肉一起加多水煮烂，留下汁液七斗，拌前面说的米饭，加入木香一两，一起酿造，不能接触水，十天即可饮用，味道非常甘滑。

天门冬酒

醇酒一斗，用六月六日曲末一升，糯米五升，作饭。天门冬煎五升，米须淘讫晒干，取天门冬汁浸。先将酒浸曲如常法，候熟，炊饭，适寒温用煎汁和饭，令相入投之。春夏七日，勤看易令热，秋冬十日熟。东坡诗云"天门冬熟新年喜，曲米春香并舍闻"是也。

【译】醇酒一斗，用六月六日的曲末一升，糯米一升做成饭。天门冬煎煮五升，糯米要淘净晒干，然后用天门冬的汁液浸泡。先把醇酒浸泡曲末如通常方法，等到成熟了，蒸饭，看天气冷热，用煎好的天门冬汁同蒸的饭和起来，让它们互相渗透，投入瓮中。春夏季七天，勤看使酒更快成熟，秋冬季用十天才能成熟。苏东坡的诗："天门冬熟新年喜，曲米春香并舍闻。"说的就是此事。

松花酒

三月取松花如鼠尾者，细挫一升，用绢袋盛之。造白酒熟时，投袋于酒中心，井内浸三日，取出，漉酒饮之，其味清香甘美。

【译】三月间取像鼠尾巴那样的松花，细细地挫成一升，用绢袋子盛起来。酿造白酒成熟的时候，把绢袋投到酒的中心位置，并在井里浸泡三天，取出来滤酒饮用，味道清香甘美。

菊花酒

十月采甘菊花，去蒂，只取花二斤。择净入醅①内，搅匀，次早榨则味香清冽。凡一切有香之花，如桂花、兰花、蔷薇皆可仿此为之。

【译】十月间采摘甘菊花，去掉根蒂，只取花二斤，择

---

① 醅（pēi）：未滤过的酒。

干净放到醋酒中，搅拌均匀，第二天早晨榨出的酒就味道香而清冽。凡是有香味的花，如桂花、兰花、蔷薇花，都可以仿照此方做酒。

五加皮① 三骰酒

法用五加根茎、牛膝、丹参、枸杞根、金银花、松节、枳壳枝叶，各用一大斗，以水三大石于大釜中煮，取六大斗，去滓澄清水。准凡水数浸曲，即用米五大斗炊饭。取生地黄一斗，捣如泥，拌下。二次用米五斗炊饭，取牛蒡子根细切二斗，捣如泥，拌饭下。三次用米二斗炊饭，大蓖麻子②一斗熬捣令细，拌饭下之，候稍冷热，一依常法。酒味好，即去糟饮之。酒冷不发，加以曲末投之。味苦薄，再炊米二斗投之。苦饭干不发，取诸药物煎汁，热投。候熟去糟。时常饮之多少，常令有酒气。男女可服，亦无所忌。服之去风劳冷气，身中积滞宿疾，令人肥健，行如奔马，功妙更多。

【译】方法是用五加皮的根茎、牛膝、丹参、枸杞根、金银花、松节、枳壳枝叶，各用一大斗，用水三大石在大锅里煮，取其中六大斗，去掉渣子，把水澄清了。用水多次浸泡曲，用米五大斗蒸饭，取生地黄一斗，捣为泥状，拌饭下坛；第二次用米五斗蒸饭，取牛蒡子根细细切为二斗，捣如泥状，拌饭下坛；第三次用米二斗蒸饭，取大蓖麻子一斗捣

---

①五加皮：中医学上入药，主治风寒湿痹，筋骨拘挛等症。
②蓖麻子：蓖麻子有毒性，用时宜慎。

碎，拌饭下坛，稍微注意一下冷热温度，一切按照通常方法。如果酒味好，就去糟饮用；如果酒冷不发酵，再加曲末投入。酒味较薄，再蒸两斗米投入。如果苦于饭干不发酵，可取各种药物煎成汁液，热着投进去。等成熟了，去掉糟。要根据平常饮用多少，一直保持有酒气。男女都可以服用，也没有什么忌讳。喝这种酒可以除去风劳冷气，身上的积滞老病，会使人胖而健壮，走路如同奔马，还有更多的功效。

曲类

造酒美恶全在曲精水洁，故曲为要药。若曲失其妙，酒何取焉。故录曲之妙方于后。

【译】酒的好坏，全在酒曲是否精，用水是否洁，所以曲是重要的药料。如果曲失去它的美妙，酒还有什么可取的呢？所以，把造曲的妙方录在后面。

白曲

白曲一担，糯米粉一斗，水拌令干湿调匀，筛子格过，踏成饼子，纸包挂当风处，五十日取下，日晒夜露。每米一斗，下曲十两。

【译】取白曲一担，糯米粉一斗，用水搅拌，调匀干湿度，用筛子筛过，踏成饼子，拿纸包起来挂在通风的地方，过五十天取下来，日晒夜露。每一斗米，可下曲十两。

内府秘传曲方

白面一百斤，黄米四斗，绿豆三斗。先将豆磨去壳，簸出，水浸放置一处听用。次将黄米磨末入面，并豆末和作一处。将收起豆壳浸水倾入米面豆末内和起。如干，再加浸豆壳水，以可捻成块为准，踏作方曲，以实为佳，以粗卓晒六十日。三伏内做方好。造酒每石入曲七斤，不可多放，其酒清列。

【译】白面一百斤，黄米四斗，绿豆三斗。首先把绿豆磨去外壳，簸出去，用水浸泡放在一边等候使用。其次把黄米磨成末，加到白面中去，并且同绿豆末和在一起。把收起来浸过水的豆壳倒进米、面、豆末之中，和在一起。如果干了，再加些浸泡豆壳的水，以能够捻成块为标准，然后踏作方形的曲，以踏实为好。再放在粗桌晒上六十天。三伏天里做最好。酿酒的时候，以每石加入曲七斤为宜，不可以多放，做出的酒就会清冽。

中华烹饪古籍经典藏书

174

莲花曲

莲花三斤，白面一百五十两，绿豆三斗，糯米三斗（俱磨为末），川椒（八两），如常造踏。

【译】用莲花三斤，白面一百五十两，绿豆三斗，糯米三斗（都磨成末），再用花椒（八两），像通常那样踏成方曲。

金茎露曲

面十五斤，绿豆三斗，糯米三斗（为末踏）。

【译】白面十五斤，绿豆三斗，糯米三斗（都磨成末，踏制）。

襄阳曲

面一百五十斤，糯米三斗（磨末），蜜五斤，川椒八两。

【译】用白面一百五十斤，糯米三斗（磨成末），蜜五斤，川椒八两。

红白酒药

用草果五个，青皮、官桂、砂仁、良姜、茱萸、光乌各二斤，陈皮、黄柏、香附子、苍术、干姜、甘菊花、杏仁各一斤，姜黄、薄荷各半斤。每药料共称一斤，配糯米粉一斗，辣蓼①三斤或五斤，水姜二斤捣汁，和滑石末一斤四两，如常法盦②之，上料更加荜拨③、丁香、细辛三颗，益智、丁皮、砂仁（各四两）。

【译】用草果五个，青皮、官桂、砂仁、良姜、茱萸、光乌各二斤，陈皮、黄柏、香附子、苍术、干姜、甘菊花、杏仁各一斤，姜黄、薄荷各半斤。各种药料，按比例称出一斤，配糯米粉一斗，辣蓼三斤或五斤，水姜二斤捣成汁液，再和入滑石末一斤四两，如通常的方法用容器盛装好，然后再加进荜拨、丁香、细辛三颗，益智、丁皮、砂仁（各四两）。

东阳酒曲

白面一百斤，桃仁三斤，杏仁三斤，草乌一斤，乌头三斤（去皮可减其半），绿豆五升（煮熟），木香四两，官桂八两，辣蓼十斤，水浸七日沥。母藤十斤，苍耳草十斤（二桑叶包），同蓼草三味入锅煎煮绿豆，每石米内放曲一斤，多则不妙。

【译】用白面一百斤，桃仁三斤，杏仁三斤，草乌一斤，乌头三斤（去了皮可以减少一半），绿豆五升（煮熟），木

①辣蓼：中药名。蓼科植物水蓼的全草，性温味辛，主治痢疾泄泻，外用治皮肤湿疹等。
②盦（ān 安）：以容器盛装。
③荜（bì）拨：一作"荜茇"，中医入药，性热，味辛，主治脘腹胀痛、呕吐呃逆等症。

香四两，官桂八两，辣蓼十斤，用水浸泡七天后滤出来。母藤十斤，苍耳草十斤（二者用桑叶包起来），同蓼草等三味药入锅煎煮绿豆。每石米里放曲一斤，多放就不好了。

蓼曲

用糯米不拘多少，以蓼汁浸一宿，漉出以面拌匀，少顷筛出浮面，用厚纸袋盛之，挂通风处。夏月制之，两月后可用。以之造酒，极醇美可佳。

【译】用糯米不限多少，用水蓼草的汁液浸泡一宿，滤出之后与白面拌均匀，一会儿，筛出浮面，用厚纸袋盛好，挂在通风地方。夏季制作，两个月之后就可以用。用它酿酒，非常醇美可口。

下 卷

甜食类（五十八种）

起糖卤法

凡做甜食，先起糖卤，此内府秘方也。

白糖十斤（或多少任意，今以十斤为率），用行灶安大锅，先用凉水二勺半，若勺小糖多，斟酌加水，在锅内用木耙搅碎，微水一滚，用牛乳另调水二杓点之。如无牛乳，鸡子清调水亦可，但滚起即点却，抽柴息水，盖锅闷一顿饭时，揭开锅，将灶内一边烧火，待一边滚，但滚即点，数滚，如此点之，糖内泥泡沫滚在一边，将漏勺捞出泥泡锅边滚的沫子，又恐焦了，将刷儿蘸前调的水频刷。第二次再滚的泥泡聚在一边，将漏杓捞出。第三次用紧火将白水点滚处，沫子、牛乳滚在一边，聚一顿饭时，沫子捞得干净，黑沫去净，白花见方好。用净棉布滤过入瓶。凡家火俱要洁净，怕油腻不洁。凡做甜食，若用黑砂糖，先须不拘多少入锅熬大滚，用细夏布滤过方好作。用白糖霜须先晒干方可。

【译】凡是做甜食，要先起糖卤，这是内府的秘方。

白糖十斤（或者任意多少，现在以十斤为准），用行灶安好大锅，先用凉水二勺半，如果勺小糖多，可以斟酌增加水。在锅里用木耙把糖搅碎了，微火烧到一滚，用牛奶和另外调好两勺水，向锅里点注。如果没有牛奶，鸡蛋清调水也可以，只要滚起来就点下去。点完后抽出柴木熄灭火，盖上锅盖焖一顿饭的时间，然后揭开锅，灶内一边烧火，一边等锅里滚开，一滚开马上就点，要烧上很多滚。都像这样点，糖里的泥渣泡沫就会滚到一边，用漏勺捞出这些泥泡沫子，如果怕糖烧焦了，可以用刷子蘸前边调的水不断地刷上。第二次再烧滚时泥泡沫子聚在锅的一边，再用漏勺捞出来。第三次用紧火烧滚，再用白水点滚处，沫子、牛奶滚在一边，用上一顿饭的时间，沫子就会捞干净。直到黑沫捞干净，见到白花才好。用干净棉布过滤装入瓶中。各种用具都要洁净，最怕油腻不清洁。凡做甜食，如果用黑砂糖，不管多少首先在大锅里熬到大滚，再用细夏布滤过才好用。用绵白糖，必须先晒干才可以。

炒面方

白面要重罗三次，将入大锅内，以木耙爦①得大熟，上桌古轳搥碾细，再罗一次，方好做甜食。凡用酥油，须要新鲜，如陈了不甚用矣。

【译】白面要反复箩三次，放入大锅里，用木耙炒得很熟，然后拿到桌子上用古轳捶碾很细，再箩一次，才适合做甜食。凡用酥油，必须新鲜，如果是陈的就不能用了。

【评】炒面方：似北京小吃油茶。油茶为北京小吃中的滋补精品，它是用面粉炒至发黄，可加桂花和牛骨髓、白糖，用开水冲开。《故都食物百咏》中称：一瓯冲得味殊赊，牛

---

①爦（hàn）：烧，干燥。

骨髓油炒面茶。不比散拉吐瑾好，却来说品产吾华。（佟长有）

松子饼方

松子饼计一料，酥油六两，白糖卤六两，白面一斤。先将酥化开，温入瓦合内，倾入糖卤，擦匀。次将白面和之，揉擦匀净，置桌上擀平，用铜圈印成饼子，上栽松仁，入拖盘，煠燥用。

【译】一份松子饼合计原料是：酥油六两，白糖卤六两，白面一斤。先把酥油化开，温着放进瓦合里面，再把糖卤倒进去，搅均匀。其次用白面和上，揉搓匀净，放在桌案上擀平，再用铜圈模子印成饼子，上面粘上松仁，放到托盘上，烘烤干燥。

面和油方

不拘斤两，用小锅，糖卤用二杓，随意多少酥油，下小锅煎过，细布滤净，用生面随手下，不稀不稠，用小耙炒至面熟方好。先将糖卤熬得有丝，棍蘸起视之，可斟酌倾入油面，锅内打匀后起锅，乘热拨在案上，擀开，切象眼块。

【译】白面不限斤两，用一个小锅，糖卤用两勺，酥油随便多少。酥油下到小锅煎过，用布滤净，生面随手下到锅里，使之不稀不稠，用小耙炒面到熟即好。先把糖卤熬得有了丝，用棍蘸一下拿起来看看，根据情况把油面倾倒进锅里，搅打均匀之后起锅，趁热拨在桌案上，擀开，切成象眼块。

松子海罗嗷方

（核桃仁、瓜仁同用）

糖卤入小锅，熬一顿饭时，搅冷，随手下炒面，后下劙^①碎松子仁搅匀。案上抹酥油，拨在案上，擀开切象眼块子。凡切块要乘温切，若冷硬，难切恐碎。

【译】把糖卤放入小锅，熬一顿饭的时间，搅动使它冷却，随手下炒面，然后下碾碎的松子仁搅匀。案子上抹上酥油，把锅里的糖卤炒面拨在案上，擀开，切成象眼块子大小。切块，要趁着温时切，如果冷硬了，很难切，容易碎。

白闰方

糖卤少加酥油同熬，炒面随手下搅匀，上案擀开，切象眼块子。若用铜圈印子，即为甘露筋。

【译】糖卤少加一些酥油一起熬，炒面随手下到锅里搅匀，然后拨到案子上擀开，切成象眼块子。如果用铜圈模子印成饼，就是甘露筋了。

雪花酥方

油下小锅化开滤过，将炒面随手下搅匀，不稀不稠，掇锅离火，洒白糖末，下在炒面内搅匀，和成一处，上案擀开，切象眼块。

【译】酥油下到小锅里，化开滤过，把炒面随手下锅搅匀，使之不稀不稠，端锅离火，撒上白糖末，下在炒面里搅匀，

---

①劙（tuán 团）：斩割截断。

和在一起，上案板擀开，切成象眼块。

芟什麻方

（南方称之为浇切）

糖卤下小锅熬至有丝，先将芝麻去皮晒干，或微炒干碾成末，随手下在糖内，搅匀和成一处，不稀不稠。案上先洒芝麻末，使不沾，乘热拨在案，面上仍著芝麻末，使不沾。古轳捶擀开，切象眼块。

【译】把糖卤下到小锅里，熬到有丝。事先把芝麻去皮晒干，或者稍炒一下，碾成末，随手下在糖卤里边，搅匀和在一起，不稀不稠。为了不沾，案板上先洒上芝麻末，把锅内芝麻糖卤趁热拨在案板上，面上也放上芝麻末，也为了不沾。用古轳捶擀开，切成象眼块。

黄闰方

家常亦同。黑砂糖滤过，同糖卤一处熬，蜂蜜少许熬成，晾冷，随手下炒面。案上仍着酥油，擀开，切象眼块。

【译】家常方做法基本相同。黑砂糖过滤一下，同糖卤一锅熬，再加进少量蜂蜜，熬好后晾凉，随手下进炒面。案板上也放酥油，糖卤炒面拨到案板上后，擀开，切成象眼块。

薄荷切方

薄荷晒干，碾成细末。将糖卤下小锅，熬至有丝，先下炒面少许后，下薄荷末和成一处。案上先洒薄荷末，乘热上案，面上仍用薄荷末，擀开，切象眼块。

【译】薄荷晒干了，碾成细末。把糖卤下到小锅里，熬到有丝，先下少量炒面以后，再下薄荷末，和在一起。案上先撒薄荷末，趁热拨上案子，面上也用薄荷末，然后擀开，切象眼块。

一窝丝方

（用细石板，上抹熟香油，又用炒面罗净，预备）

糖卤下锅熬成老丝，倾在石板上，用切刀二把，转遭掠起，待冷将稠，用手揉拨扯长，双摺一处，越拨越白。若冷硬，于火上烘之，拨至数十次，转成双圈上案，却用炒面放上，二人对扯顺转，炒面随手倾上，拨扯数十次，成细丝，却用刀切断，分开绾①成小窝。其拨糖上案时，转摺成圈，扯开又转摺成圈。如此数十遭，即成细丝。

【译】（用细石板，上面抹上香油。再把炒面箩净，作为预备）糖卤下锅熬成老丝，倾倒在石板上，用两把切刀，反复掠起翻转，到将冷变稠的时候，用手揉拨扯长，然后又对折在一起。越扯拨，颜色越白。如果有些冷硬，可在火上烘烤一下，拨到几十次，转成双圈上案，这时用炒面放在上面，两个人对着扯拨顺转，炒面随手倾倒在上面，这样拨扯几十次，成了细丝，再用刀切断，分开绾成小窝形状。在拨糖上案的时候，转折成圈，扯开又转折成圈，这样做几十次，就成细丝了。

---

①绾（wǎn）：用手盘旋成结。

酥儿印方

用生面搀豆粉同和，用手搓成条如箸头大，切二分长，逐个用小梳掠印齿花，收起。用酥油锅内煤熟，漏杓捞起来，热洒白砂糖末拌之。

【译】用生面搀入豆粉和在一起，用手搓成条，像筷子头大小，切成二分长，逐个用小梳子压印出齿花，收起来。用酥油在锅里炸熟，用漏勺捞出来，趁热洒上白砂糖末拌好。

荞麦花方

先将荞麦炒成花，量多少，将糖卤加蜂蜜少许，一同下锅，不要动，熬至有丝略大些，却将荞麦花随手下在锅内搅匀，不要稀了。案上铺荞麦花，使不沾。将锅内糖花拨在案上，擀开，切象眼块。

【译】先把荞麦炒成花。根据荞麦数量多少，把糖卤和少许蜂蜜一起下锅，不要动，熬到糖卤出了大丝，再把荞麦花随手下到锅里搅匀，不要稀了。案板上铺一层荞麦花，为使糖花不粘案板。把锅里的糖花拨在案板上，擀开，切成象眼块。

羊髓方

用羊乳子或牛乳子半瓶搀水半钟，入白面三撮，滤过下锅，微微火熬之。待滚，随手下白砂糖或糖霜亦可。然后用紧火，将木耙打一会，看得熟了，再滤过入壶，倾在碗内入供。

【译】用羊奶或者牛奶半瓶，挽半盅水，加入三撮白面，过滤后下锅，用很小的火慢慢熬。等到熬滚开了，随手下白砂糖或糖霜都可以。然后用紧火烧，用木耙搅打一会儿，看到熟了，过滤入壶，倒在碗里供食。

黑闰方

黑砂糖熬过滤净，与糖卤对半，相掺下锅。熬一顿饭时，将酥油半瓯在内，共熬一回，用炒面随手加花椒末少许，和成一块，上案擀开，切象眼块。

【译】黑砂糖熬过滤净，与糖卤各占一半，掺在一起下锅。熬一顿饭的时间，把酥油半小盆下在里面，一同熬煮，炒面随手下进去，再加少量花椒末，统统合成一块，上案板擀开，切象眼块。

洒孛你方

用熬磨古料熬成，不用核桃，舀上案摊开，用江米末围定，铜圈印之，即是洒孛你。切象眼者，即名白糖块。

【译】用熬蘑菇的料熬成，不用核桃，舀到案板上摊开，用江米末围起来，拿铜圈印切，就是洒孛你。切成象眼的，名叫白糖块。

椒盐饼方

白面二斤，香油半斤，盐半两，好椒皮一两，茴香半两。三分为率，以一分纯用油椒盐，茴香和面为穰，更入芝麻粗屑尤好。每一饼夹穰一块，捏薄入炉。又法：用汤与油对半，内用糖与芝麻屑并油为穰。

【译】白面二斤，香油半斤，盐半两，好花椒皮一两，茴香半两。如果以三份为准的话，就一份纯用油椒盐，茴香和面做瓤，再加一些芝麻的粗屑就更好了。每一块饼夹上这样的瓤一块，再捏薄了装进烤炉。另外一个方法是：用水和油各一半，内里用糖和芝麻屑以及香油作瓤。

酥饼方

油酥四两，蜜一两，白面一斤搜成剂，入印作饼上炉。或用猪油亦可，蜜用二两尤好。

【译】酥油四两，蜂蜜一两，白面一斤，和成一剂，然后用模子印压作饼上烤炉。或者用猪油也可以，蜂蜜用二两尤其好。

风消饼方

用糯米二升，捣极细为粉，作四分，一分作粆[1]，一分和水，作饼煮熟。和见在二分粉，一小蜜半盏正发酒醋两块、白饧同顿溶开，与粉饼擀作春饼样薄，皮破不妨，熬盘上煿过，勿令焦，挂当风处。遇用量多少，入猪油中煤之。煤时用筯拨动，另用白糖炒面拌和得所，生麻布擦细糁饼上。

又一方：只用细熟粉少许同煮，捍扯摊于筛上，晒至十分干。凡米粉一斗，用芋末十二两。此法简妙。

---

①粆（bó）：粉状物，北方叫作粆面。

【译】用糯米二斤，捣成极细的粉末，分成四份。一份作糁面，一份和水做成饼煮熟。和揉另外两份面，加上一小盏蜂蜜，半盏正在发酵的酒醅、两块白糖一起炖到溶开。然后同已煮熟的粉饼一起擀成春饼样的薄饼，皮破了也不妨事，在熬盘里炸过，不要炸焦了，挂在通风的地方。用的时候，按数量多少，下在猪油里炸。炸时用筷子拨动。另用白糖炒面拌和得当，用生麻布粘上细粉撒在饼上。

还有一个方法是：只用少量细的熟糯米粉同煮，然后扯摊在筛子上，晒到十分干。凡用米粉一斗的份，就用芋头末十二两。这个方法简单但巧妙。

肉油饼方

白面一斤，熟油一两，羊猪脂各一两，切如小豆，大酒二盏与面搜和，分作十剂，擀开裹精肉，炉内煿熟。

【译】白面一斤，熟油一两，羊脂、猪脂各一两，切成小豆子样块，再用大酒二杯，与白面和起来，分成十个剂子，分别擀开包上精肉，在炉子里烤熟。

素油饼方

白面一斤，真麻油一两，搜和成剂，随意加沙糖馅，印脱花样，炉内炕熟。

【译】白面一斤，纯芝麻油一两，和成剂子，随意加入砂糖馅，印成花样小饼，在炉子里炕熟。

雪花饼方

用十分头罗雪白面，蒸熟十分白色。凡用面一斤，猪油六两，香油半斤，将猪脂切作骰子块，和少水锅内熬烊。莫待油尽，见黄焦色逐渐笊出。未尽再熬，再笊，如此则油白，和面为饼底，熬盘上略放草柴灰，上面铺纸一层，放饼在上煤①。

【译】用头箩十分雪白的面粉，蒸出来也是十分的白色。共用面一斤，猪油六两，香油半斤。把猪脂切成骰子大小，加一点水，在锅里熬烤，不要等猪脂的油熬尽了，看见有焦黄色，就逐渐捞出，未尽的则再熬、再捞出，这样油就是白的。用这种油和面作饼底，熬盘上稍放一些草柴灰，上面铺一层纸，把饼放在熬盘上烤熟。

饮馔服食笺

189

芋饼方

生芋奶捣碎，和糯米粉为饼，油煎，或夹糖豆沙在内亦可，或用椒盐、糖拌核桃、橙丝俱可。

【译】把生芋头捣碎，和糯米粉做成饼，油煎，或者夹糖豆沙在里面也可以，或者用椒盐、糖拌核桃、橙丝都可以。

韭饼方

带膘猪肉作臊子，油炒半熟。韭生用，切细。羊脂剁碎。花椒、砂仁、酱拌匀。擀薄饼两个，夹馅子煤之。荠菜同法。

【译】把带膘的猪肉切成碎肉丁，用油炒成半熟；韭菜

①煤（hàn）：干燥；暴晒；焚烧。

生着用，切细；羊脂也剁碎；加上花椒、砂仁、酱，拌匀做馅。擀出薄饼两个，夹上以上馅料烘烤。荠菜饼用同样方法。

白酥烧饼法

面一斤，油二两，好酒醋作酵，候十分发起，即用揉，令十分似芝麻糖者，如前法。每面一个，糖二两，可做十六个煠。

【译】面一斤，油二两，用好酒醋作酵母，等到完全发好时候，用手揉，揉到面剂十分像芝麻糖的样子，用前面讲过的方法做成饼。每个面团用糖二两，可以做十六个饼烘烤。

黄精饼方

用黄精蒸熟者（去衣须），和炒熟黄豆（去壳），捣为末，加白糖卤，揉为团，作饼食甚清。

【译】黄精蒸熟（去掉外皮和须子），和炒熟的黄豆（去掉壳），共同捣成末，加上白糖卤，揉成团，作饼吃很清口。

卷煎饼方

饼与薄饼同，馅用猪肉二斤，猪脂一斤，或鸡肉亦可。大概如馒头馅，须多用葱白或笋干之类，装在饼内卷作一条，两头以面糊粘住，浮油煎令红焦色。或只煠熟。五辣醋供。素馅同法。

【译】此饼与薄饼相同，馅用猪肉二斤，猪脂一斤，或者鸡肉也可以。大概如同包子馅，必须多用葱白或笋干之类，装在饼里卷成一条，两头用面糊粘住，然后用浮油煎成红焦色。

或者只烘烤到熟。吃时五辣醋调味。素馅的方法相同。

糖榧方

白面入酵待发，滚汤搜成剂，切作榧子样，下十分滚油煤过，取出，糖面内缠之。其缠糖与面对和成剂。

【译】白面加入酵母等待发起，用滚开水和成剂子，切作香榧果实的样子，下到十分滚油中炸过，取出来，在糖面内滚粘。用来滚粘的糖和面要对半和成剂子。

肉饼方

每面一斤，用油六两。馅子与卷煎饼同。拖盘煤。用饧糖煎色刷面。

【译】每一斤面，用油六两。馅子与卷煎饼相同。用托盘烤，用饧糖煎成颜色刷饼面。

油饻儿方

面搜剂包馅作饻儿，油煎熟。馅同肉饼法。

【译】面做成剂子，包馅做成饻儿。再用油煎熟。馅与肉饼法相同。

麻腻饼子方

肥鹅一只，煮熟去骨，精肥各切作条子件，焯熟韭菜、生姜丝、茭白丝（焯过）、木耳丝、笋干丝各排碗内，蒸熟麻腻并鹅汁热滚浇。饼似春饼稍厚而小，每卷前味食之。

【译】肥鹅一只，煮熟去骨，精肥处都切成条子备用。

焯熟韭菜、生姜丝、茭白丝（焯过）、木耳丝、笋干丝都排摆在碗里，蒸熟麻腻和鹅汁趁热滚时浇上。饼像春饼稍厚而小些，卷起前面说的这些材料食用。

五香糕方

上白糯米和粳米二六分，芡实干一分，人参、白术、茯苓、砂仁总一分，磨极细筛过，用白砂糖滚汤拌匀，上甑。粉一斗，加芡实四两，白术二两，茯苓二两，人参一两，砂仁一钱，共为细末和之，白糖一升拌入。

【译】上等白糯米二份、粳米六份，芡实一份，人参、白术、茯苓、砂仁共一份，研磨极细并且筛过，用白砂糖滚开水拌均匀，上甑蒸食。粉一斗，加芡实四两，白术二两，茯苓二两，人参一两，砂仁一钱，一起研为细末和起来，白糖一升拌进去。

松糕方

陈粳米一斗，砂糖三斤。米淘极净，烘干，和糖洒水，入臼春碎，于内留二分米拌，春其粗令尽。或和蜜，或纯粉，则择去黑色米。凡蒸糕须候汤沸，渐渐上粉，要使汤气直上，不可外泄，不可中阻。其布宜疏，或稻草摊甑中。

【译】陈粳米一斗，砂糖三斤。粳米要淘洗极干净，烘干，和上糖，洒上水，放进臼中春碎，其中可以留下五分之一没有春碎的米和春细的粉拌和，再春到把粗糙杂质去净。

或者和上蜂蜜，或者加入纯粉，要除去黑色的杂末。凡是蒸糕，必须等锅里水已沸腾，然后渐渐向甑里洒粉，要使水蒸气能直着上冲，不要向外泄或者中间阻滞。甑布不要太密，或者可把稻草摊在甑里面。

裹蒸方

糯米蒸软熟，和糖拌匀，用箬叶裹作小角儿再蒸。

【译】把糯米蒸得又熟又软，和糖拌均匀，然后用箬竹叶裹成小角儿再蒸。

凡用香头法

沙糖一斤，大蒜三囊（大者切三分），带根葱白七茎，生姜七片，麝香如豆大一粒，置各件甑底，次置糖在上，先以花箬扎之，次以油单纸封，重汤内煮周时。经年不坏。临用旋取，少许便香。

【译】一斤砂糖，大蒜三瓣（大的可以切作三分），带根须的葱白七棵，生姜七片，像豆子大小的麝香一粒。把以上各种东西置放在甑底部，再把糖放在上面，先用花箬竹扎上，再用油单纸封起来，多放水，煮够一个昼夜。经年不坏。随用随取，放一点就很香。

煮砂团方

沙糖入赤豆或绿豆，煮成一团，外以生糯米粉裹作大团蒸，或滚汤内煮亦可。

【译】砂糖加上红豆或绿豆，煮成一团，外面用生糯米粉包裹成一大团，蒸熟，或者放在滚水里煮也可以。

粽子法

用糯米淘净，夹枣、栗、柿干、银杏、赤豆，以茭叶或箬叶裹之。一法以艾叶浸米裹之，谓之艾香粽子。凡煮粽子，必用稻柴灰淋汁煮，亦有用些许石灰煮者，欲其茭叶青而香也。

【译】把糯米淘洗干净，加进枣、栗子、柿干、银杏、赤豆，用茭白叶或箬竹叶包裹起来。另个一方法是用艾叶浸泡糯米然后包裹起来，叫作艾香粽子。凡是煮粽子，必须把稻柴灰淋的汁液加进去煮，也有用少量石灰煮的，这是为了使茭白叶色青且有香味。

玉灌肺方

真粉、油饼、芝麻、松子、胡桃、茴香六味拌和成卷，入甑蒸熟，切作块子，供食美甚。不用油入，各物粉或面同拌蒸，亦妙。

【译】纯面粉、油饼、芝麻、松子、胡桃、茴香这六味，拌和成卷，放在甑里蒸熟，切成块子，供食用，味道很好。不用掺油，以上各种东西和粉或者面拌好一起蒸，也很好。

臊子肉面法

猪肉嫩者去筋去骨，精肥相半切作骰子块，约量水与酒煮半熟。用胰脂研成膏，和酱倾入，次下香椒、砂仁，调和其味得所。煮水与酒不可多，其肉先下肥，又次下葱白，不可带青叶，临锅调绿豆粉作糫。

【译】嫩猪肉去掉筋皮和骨头，精、肥各半都切成骰子大小的块，适量的水和酒煮成半熟。再把猪胰脂研成膏状，与酱和在一起下到锅里，然后下香椒、砂仁，调和滋味得当。锅里的水和酒不要多，肉先下肥的，再下葱白，不能带青叶。临起锅时调绿豆粉作艿汁。

馄饨方

白面一斤、盐三钱，和如落索面，面频入水，搜和为饼剂，少顷操百遍，拗为小块擀开，绿豆粉为䉼，四边要薄，入馅，其皮坚。膘脂不可搭在精肉，用葱白先以油炒熟，则不荤气。花椒、姜末、杏仁、砂仁、酱调和得所。更宜笋菜（煤过），莱菔之类，或虾肉、蟹肉、藤花，诸鱼肉尤妙。下锅煮时，先用汤搅动，置竹篠^①在汤内，沸，频频洒水，令汤常如鱼津样滚^②，则不破，其皮坚而滑。

【译】用白面一斤，盐三钱，和成落索面的样子，频频加水，揉成做饼的剂子，一会儿就要揉面一百遍，最后揪成小块，擀开，用绿豆粉做䉼面，擀得四边薄一些，放馅。皮要结实。肥膘脂油不可搭在精肉上。葱白先用油炒熟就没有荤气。花椒、姜末、杏仁、砂仁、酱调和适当。特别适宜放笋菜（炸过），

---

①篠（xiǎo）：小竹。

②如鱼津样滚：像鱼吐津起泡一样，也称"鱼眼汤"。

萝卜之类，或者虾肉、蟹肉、藤花，各种鱼肉就更好。下锅煮的时候，先搅动汤水，放一个小竹条在水里，水开之后，要不停地向里面洒冷水，让水保持如鱼吐水起泡一样的状态，这样就煮不破，馄饨皮坚实而光滑。

【评】馄饨方：馄饨是一种古老的食品，西汉时已有之。《故都食物百咏》说：馄饨过市喊开锅，汤好无须在肉多，今世不逢张手美，充饥谁管味如何。

北方馄饨，尤其北京的馄饨皮薄而馅足，汤以猪骨、鸡架为主。吃时加酱油、虾皮、紫菜、香菜、香油，货真价实、物美价廉。一般吃者认为，南方人讲究吃馅，北方人讲究喝汤。

《都门杂咏》记载：包的馄饨味胜常，馅融春韭嚼来香。清汤润物休嫌淡，咽后方知滋味长。（佟长有）

水滑面方

用十分白面，揉搜成剂，一斤作十数块，放在水内，候其面性发得十分满足，逐块抽拽下汤煮熟。抽拽得阔薄乃好。麻腻、杏仁腻、咸笋干、酱瓜、糟茄、姜、腌韭、黄瓜丝作齑头，或加煎肉尤妙。

【译】用十分白面，揉成剂子，一斤分作十数块，放在温水中，等到面完全发好，逐块抻拽下到锅里煮熟。抻拽得宽一些、薄一些才好。然后，麻腻、杏仁腻、咸笋干、酱瓜、糟茄子、姜、腌韭菜、黄瓜丝作拌料，或者加上煎肉更好。

到口酥方 ①

用酥油十两，白糖七两，白面一斤。将酥化开倾盆内，入白糖和匀，用手揉擦半个时辰，入面和作一处，令匀，擀为长条，分为小烧饼，拖炉微微火焊熟食之。

【译】用酥油十两，白糖七两，白面一斤。把酥油化开倒进盆里，加上白糖和匀，用手揉搓半个时辰，再与白面和在一起，要和均匀。然后擀成长条，分别做成小烧饼，在拖炉内微火慢慢烤熟食用。

柿霜清膈饼方

用柿霜二斤四两，橘皮八两，桔梗四两，薄荷二两，干葛二两，防风四两，片脑一钱共为末，甘草膏和作印饼食。一方，加川百药煎一两。

【译】用柿霜二斤四两，橘皮八两，桔梗四两，薄荷二两，干葛二两，防风四两，片脑一钱，都研成细末，甘草膏调和，作成印饼食用。另一方法是：加上川百药煎一两。

鸡酥饼方

白梅肉十两，麦门冬六两，白糖一斤，紫苏六两，百药煎四两，人参二两，乌梅二两，薄荷叶四两，共为末，甘草膏和匀为饼。或丸上加上白糖为衣。

【译】白梅肉十两，麦门冬六两，白糖一斤，紫苏六两，百药煎四两，人参二两，乌梅二两，薄荷叶四两，一起研成末，

①此酥现在江苏一带叫"下马酥"或"虾蟆酥"，皮有芝麻。

与甘草膏和匀做成饼。或者再给饼加上白糖衣。

梅苏丸方

乌梅肉二两，干葛六钱，檀香一钱，紫苏叶三钱，炒盐一钱，白糖一斤。各为末，将乌梅肉研如泥，和料作小丸子用。

【译】乌梅肉二两，干葛六钱，檀香一钱，紫苏叶三钱，炒盐一钱，白糖一斤，后五种研为末，乌梅肉研烂成泥，这些料拌和做成小丸子食用。

水明角儿法

白面一斤，用滚汤内逐渐撒下，不住手搅成稠糊，分作一二十块，冷水浸至雪白，放桌上，挤出水，入豆粉对配，搜作薄皮，内加糖果为馅，笼蒸食之妙甚。

【译】白面一斤，在滚开水里逐渐撒下去，不停手搅成稠糊状，分成一二十块，冷水浸泡到颜色雪白，放在桌子上，挤出水分，加上豆粉对半相配，做成薄皮，内里加上糖果为馅，用笼蒸着吃，很好吃。

造粟腐法

罂粟和水研细，先布后绢滤去壳。入汤中，如豆腐浆，下锅令滚，入绿豆粉搅成腐。凡粟二分，豆粉一分。芝麻同法。

【译】罂粟加水研细，先用布后用绢滤去外壳。倒入开水中，就像豆腐浆一样，下到锅里烧滚开，加上绿豆粉搅成豆腐状。一般是两份罂粟，一份绿豆粉。做芝麻豆腐的方法相同。

麸鲊

麸切作细条一斤，红曲末染过，杂料物一升，笋干、红萝卜、葱白皆用丝，熟芝麻、花椒二钱，砂仁、莳萝、茴香各半钱，盐少许，香油熟者三两，拌匀供之。用各物拌之，下油锅炒为齑亦可。

【译】面筋一斤切成细条，红曲末染过，各种配料一升：笋干、红萝卜、葱白都用丝，熟芝麻、花椒二钱，砂仁、莳萝、茴香各半钱，盐少量，熟香油三两，拌匀可食。各物拌和，下油锅炒成齑也可以。

煎麸

上笼麸胚（不用石压），蒸熟，切作大片，料物、酒、酱煮透，晾干，油锅内浮煎用之。

【译】面筋胚子不用石头压，上笼屉蒸熟，切成大片，用配料、酒、酱煮透，晾干，在油锅里浮煎食用。

神仙富贵饼

用白术一斤，菖蒲一斤，米泔水浸，刮去黑皮，切作片子。加石灰一小块，同煮去苦水，曝干。加山药四斤，共为末，和面，对配作饼蒸食。或加白糖同和，擀作薄饼，蒸烤皆可。自有物外清香富贵。

【译】白术一斤，菖蒲一斤，用淘米泔水浸泡，刮去黑皮，切成片子。加石灰一小块，同煮去掉苦水，晒干。加山药四斤，一起作成末，和面，对半配料做成饼蒸着吃。或者加上白糖和在一起，擀成薄饼，蒸、烤都可以。这种饼自有尘世外的清香富贵。

造酥油法

用牛乳下锅滚一二沸，倾在盆内，候冷定，面上结成酪皮，将酪皮锅内煎油出，去粗，倾碗内，即是酥油。

【译】牛奶下锅煮一两开，倒入盆里，等冷却了，表面上结成一层酪皮。把酪皮放在锅里煎油，去掉粗质，倒进碗里，就是酥油。

光烧饼方

烧饼每面一斤，入油两半，炒盐一钱，冷水和搜，骨鲁槌①研开，礜上㷷待硬，缓火内烧熟用，极脆美。

【译】烧饼，每用面一斤，加入油一两半，炒盐一钱，用冷水和面。再用骨鲁槌擀开，在礜上加温，等变硬了之后，再用缓火在炉内慢慢烤熟了。非常干脆好吃。

复炉烧饼法

核桃肉退去皮者一斤，剁碎，入蜜一斤，以炉烧酥油饼一斤为末，拌匀捏作小团，仍用酥油饼剂包之，作饼，入炉内烧熟。

【译】褪去外皮的核桃肉一斤，剁碎了，加上一斤蜂蜜，

---

① 骨鲁槌：即上文所说的"古轳捵"，形似车轮，药房用此捶碾轧药材。

炉烧酥油饼一斤弄成末，拌匀后捏作小团，还用酥油饼剂子包上做成饼，放到炉里烤熟。

糖薄脆法

白糖一斤四两，清油一斤四两，水二碗，白面五斤，加酥油、椒盐水少许，搜和成剂，擀薄如酒钟口大，上用去皮芝麻撒匀，入炉烧熟，食之香脆。

【译】白糖一斤四两，清油一斤四两，水二碗，白面五斤，加上酥油、椒盐水少量，揉和成剂子，擀成像酒盅口那么大，上面用去皮芝麻撒均匀，放进炉中烤熟，吃起来味道香脆。

酥黄独方

熟芋切片，用杏仁、榧子为末，和面拌酱拖芋片，入油锅内煤食，香美可人。

【译】熟芋头切成片，用杏仁、榧子研成末，和面、拌酱，把芋片在调料中拖过，在油锅里炸着吃，香美可人。

高丽栗糕方

栗子不拘多少，阴干去壳捣为粉，三分之一加糯米粉拌匀，蜜水拌润，蒸熟食之，以白糖和入妙甚。

【译】栗子不限多少，阴干，去壳，捣成粉末，三分之一加糯米粉拌均匀，用蜜水拌匀使之润湿，蒸熟了食用，如果再加上白糖，就更妙了。

荆芥糖方

用荆芥细枝，扎如花朵，蘸糖卤一层，蘸芝麻一层，焙干用。

【译】用荆芥的细枝，扎成花朵的样子，蘸上一层糖卤，蘸上一层芝麻，烤干食用。

花红饼方

用大花红批去皮，晒二日，用手压扁，又晒，蒸熟收藏。硬大者方好。须用刀花作瓜棱。

【译】大花红批去外皮，晒两天，用手压扁，然后再晒，蒸熟收好。以硬而大的为好。必须用刀刻划成瓜棱的样子。

豆膏饼方

大黄豆炒去皮，为末，入白糖、芝麻、香头和匀，为印饼食之。

【译】大黄豆，炒了去掉皮，研成末，加上白糖、芝麻、香头，调和均匀，作印饼食用。

法制药品^①类（二十四种）

法制半夏

开胃健脾，止呕吐，去脑中痰满，兼下肺气。

半夏（半斤，圆白者切二片）、晋州降香（四两）、丁皮（三两）、草豆蔻（二两）、生姜（五两，切成片）。

各件洗，半夏去滑，焙干。三药粗挫，以大口瓶盛生姜片，前药一处，用好酒三升浸。春夏三七日，秋冬一月，取出半夏，水洗焙干，余药不用，不拘时候，嚼一二枚，服至半月，咽喉自然香甘。

【译】开胃健脾，止呕吐，去脑中痰满，兼下肺气。

半夏（半斤，圆白的切成两片）、晋州降香（四两）、丁皮（三两）、草豆蔻（二两）、生姜（五两，切成片）。

以上各件洗净，半夏去滑，焙干。晋州降香、丁皮、草豆蔻等三种药物粗锉一下，用大口瓶盛生姜片，与前面各药放一起，用好酒三升浸泡。春夏泡二十一天，秋冬要一个月即可，然后取出半夏，用水洗了焙干，其他药都不用。不管什么时候，细嚼一二枚，服用半个月，咽喉部自会有香甜的感觉。

---

①所谓"法制药品"就是按一定的法度、规格制成的药品。高濂所录的二十四种，许多是可作普通食物服用的，一部分兼有治病功能。

法制桔皮

《日华子》云："皮暖，消痰止嗽，破癥瘕癖①。"

桔皮（半斤，去穰）、白檀（一两）、青盐（一两）、茴香（一两）。各件四味，用长流水二大碗同煎，水干为度，拣出桔皮，放于磁器内，以物覆之，勿令透气。每日空心取三五片，细嚼，白汤下。

【译】《日华子》上说："橘子皮性暖，能消痰止咳，破除癥瘕癖之症。"

橘皮（半斤，去穰）、白檀（一两）、青盐（一两）、茴香（一两），以上四味药，用长流水两大碗一起煎煮，以水干为限度，拣出橘皮，放在磁器里，用东西盖上，不让透气。每天空腹取三五片，细细嚼，然后用白水送下。

法制杏仁

疗肺气咳嗽，止气喘促，腹脾不通，心腹烦闷。

板杏（一斤，滚灰水焯过，晒干、麸炒熟，炼蜜拌杏仁匀，用下药末拌）：茴香（炒）、人参（二钱）、宿砂仁（二钱）、粉草（三钱）、陈皮（三钱）、白豆蔻（二钱）、木香（二钱）。

各为细末，拌杏仁令匀，每用七枚，食后服之。

【译】治疗肺气咳嗽，止气喘促，腹脾不通，心腹烦闷。

板杏（一斤，滚开灰水焯过，晒干，麸子炒熟，炼蜜拌杏仁，

①癥瘕癖（wēi jiǎ pǐ）微贾匹：癥，一种皮肤病，多在腿部。瘕，腹内结块，聚散无常，痛无定处，多由血瘀气滞所致，病情严重。一云疝，腹内结块。癖，饮水不消之病。

用下列药末拌和）：茴香（炒）、人参（二钱）、宿砂仁（二钱）、粉草（三钱）、陈皮（三钱）、白豆蔻（二钱）、木香（二钱）。

以上均研为细末，和杏仁均匀地搅拌在一起，每次服用七枚，饭后服用。

酥杏仁法

杏仁不拘多少，香油煠焦，胡色为度，用铁丝结作网兜，搭起候冷定，食极脆美。

【译】杏仁不限多少，用香油炸焦，以颜色糊为限度，用铁丝结作网兜，捞出来待冷却，吃着非常脆美。

法制石宿砂

消化水谷，温煖脾胃。

石宿砂（十两去皮，以朴硝水浸一宿，晾干，以麻油焙燥，香熟为度）、桂花、粉草（各一钱半），已上共碾为细末）。

各件和匀为丸，遇酒食后细嚼。

【译】消化水谷，温暖脾胃。

石宿砂（十两去皮，用朴硝水浸泡一宿，晾干，加麻油焙干燥，以香熟为限度），桂花、粉草各一钱半，以上原料都碾成细末。

各种材料和均匀后做成丸。遇到酒食之后细嚼。

醉乡宝屑

解醒，宽中，化痰。

陈皮（四两）、石宿砂（四两）、红豆（一两六钱）、粉草（二两四钱）、生姜、丁香（一钱，剉）、葛根（三两，已上并咀）、白豆蔻仁（一两，剉）、盐（一两）、巴豆（十四粒，不去皮壳，用铁丝穿）。

各件用水二碗煮，耗干为度，去巴豆晒干，细嚼，白汤下。

【译】解醒，宽中，化痰。

陈皮（四两）、石宿砂（四两）、红豆（一两六钱）、粉草（二两四钱）、生姜、丁香（一钱，剉细）、葛根（三两，以上都要细细咀嚼）、白豆蔻仁（一两，剉细）、盐（一两）、巴豆（十四粒，不去皮壳，用铁丝穿起来）。

以上各件用两碗水煮熬，以水干为准，去掉巴豆晒干，细嚼，白水送下。

木香煎

木香二两，捣罗细末，用水三升，煎至二升，入乳汁半升，蜜二两，再入银石器中煎如稀面糊，即入罗过粳米粉半合，又煎。候米熟稠硬，擀为薄饼，切成棋子，晒干为度。

【译】木香二两，捣碎罗为细末，用水三升，煎至二升，加进乳汁半升，蜜二两，再放进银器或石器中煎到像稀面糊，此时加进过了罗的粳米粉半合，再煎煮。到米熟变稠硬，擀成薄饼，切成棋子大小，晒干即可。

法制木瓜

取初收木瓜，于汤内煠过，令白色，取出放冷，于头上开为盖子，以尖刀取去穰子，便入盐一小匙，候水出即入香药、官桂、白芷、藁本^①、细辛、藿香、川芎、胡椒、益智子、砂仁。各件药捣为细末，一个木瓜，入药一小匙，以木瓜内盐水调匀。更曝候水干，又入熟蜜，令满，曝，直候蜜干为度。

【译】用刚收的新木瓜，在开水中焯过，使它变为白色，取出来冷却。在头部开一盖子，用尖刀取出瓤子，加进一小匙盐，等里边出了水，就加进香药、官桂、白芷、藁本、细辛、藿香、川芎、胡椒、益智子、砂仁。这些香药都捣成细末，一个木瓜，加进一小匙，用木瓜里的盐水调匀。晒到里边水干了，再加入熟蜜，一直到满时，再晒，直到蜜也干了为限度。

法制虾米

虾米一斤去皮壳，用青盐酒炒，酒干再添再炒，香熟为度。真蛤蚧，青盐酒炙，酥脆为度。茴香，青盐酒炒。四两净椒皮、四两青皮，酒炒，不可过浊。煮酒约二升，用青盐调和为制。

右先用蛤蚧、椒皮、茴香三味制虾米，以酒尽为度。候香熟，取上件和前三味一并拌匀，再用南木香粗末二两同和，乘热入器盦^②，四围封固，候冷取用。每一两空心盐酒嚼下，益精壮阳，不可尽述。

【译】虾米一斤去掉壳，用青盐、酒炒，酒干了再添再炒，直到香熟。真蛤蚧用青盐、酒炙烤，直到酥脆。茴香用青盐、

①藁（gǎo 高）本：也叫"西芎""抚芎"。多年生草本，根状茎入药。
②盦（ān 安）：即"庵"，小草屋，此处指一种容器。

酒炒。四两净椒皮、四两青皮也用酒炒，不要炒得过于浑浊。煮酒大约二升，用青盐调和好。

先用蛤蚧、椒皮、茴香这三味加工虾米，然后用青盐酒调和，直到酒尽。等到香熟，取虾米和前三味一起拌匀，再用南木香粗末二两和在一起，趁热装入器皿，四周严实地封起来，待冷却时取用。每次一两在空腹时用盐酒嚼着服下，可以益精壮阳，好处不可尽述。

香茶饼子

孩儿茶、芽茶四钱，檀香一钱二分，白豆蔻一钱半，麝香一分，砂仁五钱，沉香二分半，片脑四分，甘草膏和糯米糊搜饼。

【译】孩儿茶、芽茶四钱，檀香一钱二分，白豆蔻一钱半，麝香一分，砂仁五钱，沉香二分半，片脑四分，加甘草膏和糯米成糊，做成饼。

法制芽茶

芽茶二两一钱作母，豆蔻一钱，麝香一分，片脑一分半，檀香一钱，细末，入甘草内缠之。

【译】芽茶二两一钱作母，豆蔻一钱，麝香一分，片脑一分半，檀香一钱，共研细末，放进甘草里缠紧。

透顶香丸

孩儿茶、芽茶各四钱，白豆蔻一钱五分，麝香五分，檀香一钱四分，甘草膏子丸。

【译】孩儿茶、芽茶各四钱，白豆蔻一钱五分，麝香五分，檀香一钱四分，加入甘草膏，做成药丸。

硼砂丸

片脑五分，麝香四分，硼砂二钱，寒水石六两，甘草膏丸。砗砂二钱为衣。

【译】片脑五分，麝香四分，硼砂二钱，寒水石六两，用甘草膏做成丸，用朱砂二钱做丸衣。

山查膏

山东大山查刮去皮核，每斤入白糖霜四两，捣为膏，明亮如琥珀，再加檀屑一钱，香美可供，又可放久。

【译】山东大山楂刮掉皮和核，每斤加入白糖霜四两，捣成膏状，像琥珀似的明亮，再加上檀屑一钱，香美可食，又可以长期存放。

【评】山楂膏：与今日北京的山楂糕相似，也叫作金糕。
（佟长有）

甘露丸

百药煎一两，甘松、柯子各一钱二分半，麝香半分，薄荷二两，檀香一钱六分，甘草末一两二钱五分，水拨丸，晒干，用甘草膏子入麝香为衣。

【译】百药煎一两，甘松、柯子各一钱二分半，麝香半分，薄荷二两,檀香一钱六分,甘草末一两二钱五分,加水拨成丸,晒干,用甘草膏子加入麝香做丸衣。

咸杏仁法

用杏仁连皮,以秋石^①和汤作卤,微拌,火上炒香燥,食之亦妙。

【译】用杏仁(连皮),加秋石和水作卤,稍微拌一下,在火上炒到香而干燥,食用甚好。

香橙饼子

用黄香橙皮四两,加木香檀香各三钱,白豆仁一两,沉香一钱,荜澄茄一钱,冰片五分,共捣为末,甘草膏和成饼子入供。

【译】用黄香橙皮四两,加上木香、檀香各三钱,白豆仁一两,沉香一钱,荜澄茄一钱,冰片五分,一起捣成末,再用甘草膏和成饼子,供食用。

莲子缠

用莲肉一斤煮熟去皮心,拌以薄荷霜二两,白糖二两裹身,烘焙干入供。杏仁、榄仁、核桃可同此制。

【译】用莲肉一斤,煮熟去掉皮和心,拌上薄荷霜二两、白糖二两把莲肉包裹起来,烘焙干供食。杏仁、榄仁、桃核可以同用此法。

---

①秋石:为人中白和食盐的加工品。古代亦有用童尿、秋露水和石膏加工制成者。

法制榧子

将榧子用磁瓦刮黑皮，每斤净用薄荷霜、白糖熬汁拌，炒香燥入供。

【译】把榧子用瓷瓦刮去黑皮，每斤纯用薄荷霜与白糖熬成的汁拌搅，之后炒到香而干燥，即可食用。

法制瓜子

燕中大瓜子用秋石化滷拌，炒香燥入供。

【译】燕中之地所产的大瓜子用秋石化成的卤水拌和，炒香炒干以供食用。

橄榄丸

百药煎五钱，乌梅八钱，木瓜、干葛各一钱，檀香五分，甘草末五钱，甘草膏为丸，晒干用。

【译】百药煎五钱，乌梅八钱，木瓜、干葛各一钱，檀香五分，甘草末五钱，用甘草膏做成丸，晒干后可用。

法制豆蔻

白豆蔻一两六钱，脑子一分，麝香半分，檀香七分五厘，甘草膏、豆蔻作母，脑麝为衣。

【译】白豆蔻一两六钱，脑子一分，麝香半分，檀香七分五厘，甘草膏、豆蔻作芯子，龙脑、麝香作外衣。

又制桔皮

塘南桔皮二十两，盐煮过，茯苓四钱，丁皮四钱，甘草末七钱，砂仁三钱，共为末，拌皮，焙干入供。

【译】取塘南橘皮二十两，用盐煮过。茯苓四钱，丁皮四钱，甘草末七钱，砂仁三钱，共研为末，调拌橘皮，焙干可供食用。

煎甘草膏子法

粉草一斤剉碎，沸汤浸一宿，尽入锅内，满用水煎至半，滤去渣，纽干取汁，再入锅，慢火熬至二碗，换大砂锅，炭火慢熬，至一碗，以成膏子为度。其楂减水煎三两次，取入头汁内并煎。

【译】粉草一斤，剉碎，用沸水浸泡一宿，都放入锅里，加满水，煎煮到半锅时，滤去渣子，拧干取汁液，再放入锅里，慢火熬到两碗，换成大砂锅，用炭火慢熬到一碗，以变成膏状为限度。它的渣子可减少一些水煎煮三两次，取来加进头汁里一起煎。

升炼玉露霜法

用真豆粉半斤，入锅火焙无豆腥。先用干净龙脑薄荷一斤，入甑中，用细绢隔住，上置豆粉，将甑封盖上锅，蒸至顶热甚，霜已成矣。收起粉霜，每八两配白糖四两，炼蜜四两，拌匀捣腻，印饼或丸。含之消痰降火，更可当茶，兼治火症。

【译】用真豆粉半斤，倒进锅里用火烘焙，直到没有豆腥味。先用干净的龙脑薄荷一斤，放入甑中，用细绢隔住，上面放豆粉，然后把甑盖好，上锅，蒸到顶部很热，玉露霜就成了。收起这些粉霜，每八两配白糖四两，炼蜜四两，拌均匀捣细腻，然后印成饼或做成丸。含此丸可以消痰降火，还可以当茶用，兼治各种火症。

服食方类^①

高子曰：余录神仙服食方药，非泛常传本，皆余数十年慕道精力，考有成据，或得经验，或传老道，方敢镌入，否恐误人，知者当作慧眼宝用。

【译】高子说：我所记录的这些神仙服食的方药，并不是泛常流传的本子，都是我用几十年仰慕仙道的工夫，考查有根据的，或者得自经验，或者由老道传来，才敢编入，不如此做是因为我深怕会误导别人，智者应可慧眼识宝，珍重使用。

服松脂法

采上白松脂（一斤，即今之松香）、桑灰汁（一石）。先将灰汁一斗煮松脂半干，将浮白好脂搲入冷水，候凝，复以灰汁一斗煮之，又取如上。两人将脂团圆扯长，十数遍，又以灰汁一斗煮之，以十度煮完，遂成白脂。研细为末，每服一匙，以酒送下。空心、近午、晚，日三服。服至十两不饥，夜视目明，长年不老。

【译】采上等白松脂（一斤，就是现在的松香）、桑灰汁（一石）。先用灰汁一斗将松脂煮到半干，把浮在上面白色的好脂拿到冷水里，等待凝结后，又用灰汁一斗煮，又如

---

①服食方类：一本作"神秘服食方"。此类食方功效如何，有待科学验证。其中多杂传说、迷信、夸大之辞，不可信。请读者判断。为保持古籍原貌，不作改动，仅作必要注释。

上法制作。两个人把脂团成块又扯长十数遍，再用灰汁一斗煮，煮完十次后，就可得到白色的松脂了。把这种松脂研成细末，每次服用一汤匙，用酒送下。在早中晚空腹服用，每天三次。当服到十两以后，就不觉饥饿，夜间能看到东西，眼神明亮，长寿不老。

又一法
（松脂）

以松脂一斤八两，用水五斗煮之，候消去浊滓，取清浮者投冷水中。如此投煮四十遍，方换汤五斗又煮，凡三次一百二十遍止，不可率意便止。煮成脂味不苦为度，其软如粉，同白茯苓为粉，同炼脂，乘软丸如豆大，每服三十丸，九十日止。久当绝谷，自不欲饮食矣。

【译】以松脂一斤八两，用五斗水煮，等到松脂化开去掉浊滓杂质，把其清纯上浮的部分投到冷水中。这样再煮再投达四十遍，再换汤水五斗再煮，总共三次，到一百二十遍为止，中间不能随便就停止。煮到松脂没有苦味为限度，此时松脂软如粉末，再同白茯苓粉一起炼脂，乘软做成如豆大药丸。每次服三十丸，服用九十天为止。服用时间一久就会进入辟谷状态，自会不思饮食了。

又一蒸法
（松脂）

上白松脂二十斤为一剂，以大釜中著水，釜上加甑，甑中先用白茅铺密，上加黄山土一寸厚，筑实，以脂放上，以物密盖，勿令通气。灶用桑柴燃之。釜中汤干，以熟水旋添，蒸一炊久，乃接取脂入冷水中，候凝，又蒸。如此三遍，脂色如玉乃止。每用白脂十斤，松仁三斤，栢子仁三斤，甘菊五升，共为细末，炼蜜为丸桐子大。每服十丸，粥汤下，日三服或一服。百日已上，不饥，延年不老，颜色莹润。

【译】上等白松脂二十斤为一个剂量，在大锅中放上水，锅上加甑，甑里先用白茅草密密铺好，上面再加一寸厚的黄山土，压实，把松脂放在上头，把盖子盖严实，不通气。灶下用桑木柴烧火。锅里水干了，用熟水随干随添再蒸一顿饭时间，然后揭开盖，取出松脂放冷水中，等凝结了，再蒸。这样三遍，到脂色如玉才停止。用白脂十斤，松仁三斤，柏子仁三斤，甘菊五升，共研作细末，炼成桐子蜜丸。每次服用十丸，以粥汤送下，一天三服或一服。服用百日以上，不觉饥饿，延寿不老，肤色莹润。

服雄黄法

透明雄黄（三两，闻之不臭如鸡冠者佳），次用甘草、紫背天葵、地胆①、碧稜花（各五两），四味为末，入东流水煮砂礶内，三日漉出，捣如粗粉，入猪脂内蒸一伏时，洗出，又同豆腐内蒸如上，二次蒸时，甑上先铺山黄泥一寸，

①地胆：为豆类作物害虫，成虫入药，有攻毒、逐瘀作用，外治恶疮、鼻息肉，内服治瘰疬。

次铺脂蒸黄，其毒去尽，收起成细粉。每黄末一两，和上松脂二两为丸如桐子大。每服三五丸，酒下。能令人久活延年，发白再黑，齿落更生，百病不生，鬼神呵护，顶有红光，无常畏不敢近，疫疠不惹，特余事耳。

【译】透明雄黄（三两，闻着不臭形如鸡冠者为佳），其次用甘草、紫背天葵、地胆、碧棱花（各五两），四味药材研为粉末，加江水，同雄黄一起用砂罐煮，三天后滤出，捣成粗粉，加到猪脂中蒸一昼夜，洗出来，再放进豆腐里蒸，方法同前。第二次蒸时，甑上先铺山黄泥一寸，再铺猪脂蒸雄黄。等到毒性去干净，收起来研成细粉。雄黄末一两，和上松脂二两，做成桐子大小的药丸。每次服用三五丸，用酒送下。能使人延年益寿，白发变黑，齿落再生，百病不生，鬼神呵护，头顶上有红光，无常鬼害怕不敢接近，而疫病不来招惹，更是不得了事了。

又制雄法

用明雄（二两），先将破故纸（四两）、杏仁（四两）、枸杞（四两）、地骨皮（四两）、甘草（四两）用水二斗煎至一斗，去楂留汁。又取灶上烟筒内黑流珠四两，山家灶中百草霜四两，同雄一处研细，倾入药汁内熬干，入阳城罐内，上水下火打四炷香，取出冷定收起。每用以治心疾风痹，以膈气咳嗽。每服一分效。

【译】用透明雄黄（二两）。先把破故纸（四两）、杏仁（四两）、枸杞（四两）、地骨皮（四两），用水二斗煎到一斗，去掉渣滓留下汁液。又取灶上烟筒里的黑流珠四两，山家灶里的百草霜四两，同雄黄一起研为细末，倒入药汁里熬干，再装入羊城罐里，上水下火熬四炷香的时间，取出来冷却收起。可用于治心疾风痹、膈气咳嗽。每次服用一分有效。

又一法
（雄黄）

以黄入鸭肚煮三日夜，取黄用者。

【译】把雄黄加到鸭肚里，煮三天三夜，取出雄黄可以使用。

服椒法
（陈晔括为之歌）

青城山老人服椒，得妙诀，年过九十，其貌不类期耄。再拜而请之，欣然为我说："蜀椒二斤净，解盐六两洁，糁盐慢火煮，煮透滚菊末，初服十五圆，早晚不可辍。每月渐渐增，累之至二百。盐酒或盐汤，任君意所饮，服及半年间，胸膈微觉塞。每日退十圆，退至十五粒，俟其无碍时，数复如前日。当令气熏蒸，否则前功失。饮食蔬果等，并无所忌节。一年效即见，容颜顿悦泽，目明而耳聪，须乌而发黑，补肾轻腰身，固气益精血。椒温盐亦温，菊性去烦热，四旬方可服，服之幸毋忽。逮至数十年，功与造化埒。耐老更延年，不知几岁月，嗜欲若能忘，其效尤卓绝。我欲世人安，作歌故悒切。"

【译】青城山一位老人服用花椒，得到奇妙的诀窍，年过九十的他外貌却不像期耄之人。我两次虔诚地向他请教，他高兴地对我说："挑选干净的蜀椒二斤，干净的盐六两，用慢火煮，煮到水滚开时放菊花末。刚开始吃十五粒，早晚服用不要中断，每个月渐渐增加，累积到二百个。服椒期间，饮食得果都没有什么禁忌。服用一年就会见效，容貌肤色立刻有光泽，眼明耳聪，胡须、头发变黑。能够补肾、固气、益精血，椒和盐都是温性得，菊性可去烦热，人到四十岁才可以吃，服用时千万不要轻视。等到几十年后，功效会明显，耐老延年，忘记岁月，如果不嗜好不良的欲望，效果更好。我希望世上人健康，所以才作这个歌。"服到半年时，胸部如果感觉到微微堵塞，每天减十粒，退到十五粒为止。如果觉得没有阻碍，所服之数还像以前。必须始终服用，让椒气早晚熏蒸。如果一天不服就前功尽废了。四十岁才可以服用。

服豨莶[①]

豨莶俗呼火饮[②]草，春生苗叶，秋初有花，秋末结实。近世多有单服者，云甚益元气。蜀人服之法：五月五日，六月六日，九月九日采其叶，去根茎花实，净洗曝干，入甑，层层洒酒，与蜜蒸之。如此九过，则已气味极香美，熬捣筛，蜜丸服之，云治肝肾风气，四肢麻痹，骨间疼，腰膝无力，

①豨莶（xiān xiān）：一年生草本植物，全草入药。有祛风湿、降血压的效用。
②饮（xiān）：适意。

亦能行大肠气。张垂崖进呈表云："谁知至贱之中，乃有殊常之效，臣吃至百服，眼目轻明，至千服，髭鬓乌黑，筋力较健，效验多端。"陈书林《经验方》叙述甚详。疗诸疾患，各有汤，使令人采服一就秋花成实后，和枝取用，洒酒蒸曝，杵臼中舂为细末，炼蜜为丸以服之。

【译】豨莶俗称火炊草，春季生苗长叶，秋初开花，秋末结果。近代多有作为单方服用的，说很有益于元气。四川人的服用方法是：五月五日，六月六日，九月九日，采集它的叶子，去掉根茎花果，洗净晒干，放在甑上，一层层洒酒，和蜂蜜一起蒸。这样经过九遍，则气味已经特别香美，熬捣筛做成蜜丸服用，据说治疗肝肾风气，四肢麻痹，骨间痛，腰膝无力，还能通顺大肠气。张垂崖进呈的奏章说："谁知道最卑贱的东西之中，却会有极不平常的功效。臣下吃到一百剂，眼目轻明，到一千剂，胡须鬓发变乌黑，体力矫健，效验真不少。"陈书林的《经验方》叙说得很详细。治疗各种疾患，各有汤药它方。在它秋花结实之后，让人采来，连枝都可以用，洒酒蒸晒，在杵臼中舂成细末，炼蜜为丸来服用。

服桑椹法

桑椹利五脏关节，通血气，久服不饥。多收晒干，捣末，蜜和为丸。每日服六十丸，变白不老。取黑椹一升，和蝌蚪一升，瓶盛封闭，悬屋东头，尽化为泥，染白如漆。又取二七枚，和胡桃二枚，研如泥，拔去白须填孔中，即生黑发。（出《本

草拾遗》)

【译】桑椹利于五脏关节，能通血气，长久服用可以不觉饥饿。多收取一些，晒干，捣成末，与蜂蜜和成药丸。每天服用六十丸，肌肤变白人不显老。取黑桑椹一升，和蝌蚪一升，瓶盛封闭，悬挂在房子东头，等到都化成泥，用来染白发像黑漆一样。又取十四枚和胡桃二枚，研成泥状，填在拔掉白胡须留下的孔中，黑发即从中生出。(出自《本草拾遗》)

鸡子丹法

养鸡雌雄纯白者，不令他鸡同处，生卵扣一小孔，倾去黄白，即以上好旧坑辰砂①为末（硃砂有毒，选豆瓣旧砂，豆腐同煮一日，为末），和块入卵中，蜡封其口，还令白鸡抱之，待雏出药成，和以蜜服，如豆大，每服二丸，日三进，久服长年延算。

【译】养纯白的雄鸡和雌鸡，不让它们与别的鸡在一起。生蛋之后，蛋上敲一个小孔，倒出蛋黄和蛋白，用上好的旧坑辰砂末（朱砂有毒，要选豆瓣一样的旧砂，与豆腐同煮一天，研成末），连块装入蛋壳，用蜡封住孔口，还让白鸡抱蛋。等到小鸡出窝药也就成了，和上蜂蜜服用。药丸像豆子大小，每次服二丸，一天三次，长期服用会延年益寿。

苍龙养珠万寿紫灵丹

丹法：入深山中，选合抱大松树，用天月德金木并交日，

①辰砂：矿物名，中医用来安神定惊。

上腰凿一方孔，方圆三四寸者，入深居松之中止，孔内下边凿一深凹。次选上等旧坑辰砂一斤，明透雄黄八两，共为末和作一处，绵纸包好，外用红绢囊裹缝封固，纳松树中空处，以茯苓末子填塞完满，外截带皮如孔大楔子敲上。又用黑狗皮一片，钉遮松孔，恐有灵神取砂，令山中人看守。取松脂，升降灵气，将砂、雄养成灵丹。入树一年后，夜间松上有莹火光，二年渐大，三年光照满山。取出二末再研如尘，枣肉为丸如梧子大。先以一盘献祝天地神祇，后用井花水清晨服一二十丸。一月后眼能夜读细书，半年行若奔马，一年之后三尸①消灭，九虫遁形，玉女来卫，六甲行厨，再行阴功积德，地仙②可位。松乃苍龙之精，砂乃赤龙之体，得天地自然升降水火之气而成丹，非人间作用其灵如何。

【译】制丹之法：到深山中去，选一棵合抱的大松树，在天月德金木并交之日，在树的上腰部凿一个方孔，大约三四寸，深入到松树中间为止。孔内下边凿出一个深凹处。选用上等旧坑辰砂一斤，明透雄黄八两，共研为末和在一处，里面用绵纸包好，外面用红绢囊裹缝封好，放进树中凿空处，再用茯苓末子填塞满了，外边用带树皮的与孔大小相当的楔子敲上。又用黑狗皮一片，钉上遮住松树孔，这是怕有灵神来取辰砂，让山里人看守着。此药吸取松脂，升降灵气，因而把辰砂、雄黄养成了灵丹。入树一年之后，夜间松树上有

---

①三尸：道教认为三尸是在人体内作祟的神。
②地仙：道教说法，即居住在人世的仙人。

莹火之光，第二年光更变大，第三年就光照满山了。取出两种末再研如细尘，加入枣肉做成药丸如梧桐子大。先用一盘祝祷天地神祇，后用井花水清晨服用一二十丸。服用一个月后眼睛就能在夜间读小字的书，半年后走路如同奔马，一年之后三尸消灭，九虫无踪影，玉女来保卫，六甲神来厨房，如果同时再施行阴功积德，地仙的位子就可得到。松树乃是苍龙的精灵，朱砂是赤龙的身体，因得到天地自然升降水火之气而成了丹，并不是人世间的作用使其有多么灵验。

九转长生神鼎玉液膏

白术（气性柔顺而补，每用二斤，秋冬采之，去粗皮）、赤术（即苍术也，性刚雄而发，每用十六两，同上制）。

二药用木石臼捣碎，入缸中用千里水浸一日夜，山泉亦好。次用砂锅煎汁一次收起，再煎一次，绢滤楂尽，去楂，将汁用桑柴火缓缓炼之，熬成膏。磁礶盛贮，封好入土，埋一二日出火气。用天德日服三钱一次，白汤调下，或含化俱可。久服轻身延年，悦泽颜色。忌食桃、李、雀、蛤、海味等。更有加法，名曰九转：

二转加人参三两（煎浓汁二次熬膏，入前膏内），名曰"长生神芝膏"。

三转加黄精一斤（煎汁熬膏，加入前膏内），名曰"三台益算膏"。

四转加茯苓、远志（去心各八两熬膏，加入前膏内），名曰"四仙求志膏"。

五转加当归八两（酒洗熬膏，和前膏内），名曰"五老朝元膏"。

六转加鹿茸、麋茸（各三两研为末熬膏，和前膏内），名曰"六龙御天膏"。

七转加琥珀（红色为血者佳，饭上蒸一炊，为细末一两，和前膏内），名曰"七元归真膏"。

八转加酸枣仁（去核，净肉八两熬膏，和前膏内），名曰"八神卫护膏"。

九转加柏子仁（净仁四两，研如泥，入前膏内），名曰"九龙扶寿丹"。

再用九法加入，因人之病而加损故耳，又恐一并炼膏有火候不到，药味有即出者，有不易出者，故古圣立方必有妙道。

【译】白术（气性柔顺而有补益，每次用二斤，秋冬两季采集，去掉粗皮）、赤术（就是苍术，性刚雄而奋发，每次用十六两，同上制法）。

以上两味药，用木杵石臼捣碎，放入缸里，用江水浸泡一天一夜，山泉水也很好。其次用砂锅煎汁一次收起，之后再煎一次，用绢滤去渣滓。去渣后把汁液用桑木柴火缓缓熬炼，熬成膏，用磁罐盛贮，封好埋到土里。埋上一两天出出火气。在天德日服用，一次三钱，用白水调和服下，或者含化都可以。长久服用可以轻身延年，润泽肤色。忌食桃、李、雀、蛤、海味等。还有增加药味的方法，名叫"九转"：

二转加人参三两（煎浓汁二次熬膏，加入前一次膏内），名叫"长生神芝膏"。

三转加黄精一斤（煎汁熬膏，加入前一次膏内），名叫"三台益草膏"。

四转加伏苓、远志（去芯各八两熬膏，加入前一次膏内），名叫"四仙求志膏"。

五转加当归八两（酒洗后熬膏，和入前一次膏内），名叫"五老朝元膏"。

六转加鹿茸、麋茸（各三两研为末熬膏，和入前一次膏内），名叫"六龙御天膏"。

七转加琥珀（红色如血者好，在饭上蒸一次，研为细末一两，和入前一次膏内），名叫"七元归真膏"。

八转加酸枣仁（去核，净肉八两熬膏，和入前一次膏内），名叫"八神卫护膏"。

九转加柏子仁（净仁四两，研如泥状，和入前一次膏内），名叫"九龙扶寿丹"。

之所以再加这九味药，是因为人的病情不同而有加有损的缘故，又因为恐怕一起炼膏有火候不到，药味有容易出的，有不易出的。所以说，古代圣贤立方必有奇妙的道理。

玄元护命紫金杯

此杯能治五劳之伤，诸虚百损，左瘫右痪，各色疯症，诸邪百病。昔有道人王进服之，临死见二鬼，排闼视立，久之而去。后梦一人语之曰："道者当死，昨有无常二鬼来拘，因公服丹砂之灵，四面红光，鬼不能近而去，过此，公寿无量。"此道后活三百余岁仙去。

用明净硃砂一斤半，先取四两入水火阳城罐，打大火，一日一夜，取出研细。又加四两，如此加添，打火六次足，共为细末。将打火铁灯盏改打一铁大酒杯样，摩光作塑，悬入阳城罐内。铁杯浑身贴以金箔，五层厚。罐内装砂，口上加此杯盏，打大火三日夜，铁盏上面时加水擦，内结成杯，在于塑上，取下。每用好明雄之敖厘，研入硃杯，内充热酒，服二杯一次，收杯再用，妙不尽述。

【译】此杯能治五劳之伤，诸虚百损，左瘫右痪，各种疯症，诸邪百病。从前有个叫王进的道士服用它，临死前见到两个鬼，推门进来，站着看了很久走开了。后来他梦见一个人告诉他说："道士本来要死，昨天有无常二鬼来拘捕，因为您服有丹砂之灵，四面有红光，鬼不能接近才走了。过了这一关，您的寿数就没有限量了。"这个道士后来活到三百多岁才仙去了。

用明净的朱砂一斤半，先取四两装入水火阳城罐，用大火烧一天一夜，取出来研成细末。又加四两，这样不断加添，燃火六次才够，共同研作细末。把燃火的铁灯盏改打成大酒杯的样子，摩光做成模子，悬在阳城罐里。铁杯浑身贴上金箔，共有五层。罐里装上朱砂，在罐口上加上这个杯子，燃大火三天三夜，铁杯上面时时加水擦拭，铁杯里面就按照铁杯的样子结成了一个药杯，取下来。每逢用它，用整理过的透明雄黄，研入硃砂杯内，杯内装满热酒，一次服用二杯。收杯再用，美妙不可尽述。

太清经说神仙灵草菖蒲服食法

法用三月三日、四月四日、五月五日、六月六日、七月七日、八月八日、九月九日、十月十日采之，须在清净石上水中生者，仍须南流水边者佳，北流者不佳。采来洗净，细者根上毛须令净，复以袋盛之，浸净水中，去浊汁，硬头薄切，就好日色曝干，杵罗为细末。择天德黄道吉日，合之和法。用陈糯米水浸一宿，淘去米泔砂石，盆中研细末，火上煮成粥饮，将前蒲末和溲，经多手为丸，免得干燥难丸。丸如梧桐子大，晒干，用合收贮。初服十丸一次，嚼饭一口，和丸咽下，后用酒下，便乞点心更佳，百无所忌。惟身体觉暖，用蓁芁一二钱煎汤待冷，饮之即定，盖以芁为使也。服至一月，和脾消食；二月冷疾尽除；百日后百疾消灭。其功镇心益气，强志壮神，填髓补精，黑发生齿，服至十年，皮肤细滑，面如桃花，万灵侍卫，精邪不干，永保长生度世也。

【译】用三月三日、四月四日、五月五日、六月六日、七月七日、八月八日、九月九日、十月十日采集的菖蒲，必须是在很清洁干净的水中石头上生长的，还要以向南流的水边生长的为好，向北流的不好。采来洗干净，细的根子上的毛须要去净，用袋子盛上，浸泡在净水里，以去除其中的浊汁，硬头切成薄片，在阳光下晒干，杵为细末过箩。选择天德黄道吉日，调和合乎规范。陈糯米用水浸泡一天，淘去泔水砂石，在盆里研为细末，在火上煮成粥，再把前边说的菖蒲末拌和浸泡，多人一起动手调做成丸，免得干燥难做。丸如梧桐子大小，晒干了用，盒里收藏。初服一次十丸，吃饭时药丸和饭一起咽下，后用酒送下，用点心就着吃更好，没有任何禁忌。如果身体觉得发热，可用葶苈一二钱煎汤待冷却，喝了即可安定，这是因为葶苈是菖蒲的打头使者。服用到一个月，和脾消食；两个月冷疾尽除；百日之后，百病消灭。其功效为镇心益气，强志壮神，填髓补精，黑发生齿。服用十年，皮肤细滑，面如桃花，万灵侍卫，精邪不干，永保长生度世。

神仙上乘黄龙丹方

赤石脂（十两）、黄牛肉汁（三大升）、明乳香（一斤）、白蜜（一斤）、甘草末（三两）、白粳米（三斗五升），分作五份，炊药以熟为度。

各六味将赤石脂为末，以生绢夹袋子盛储盂泔水盆内，浸半日，以手揉搓药袋摆在水中澄底，石末刮下，纸上控干，取净细末五两，入银盒内盛之，无银用青白瓷圆盒亦可。第一次须初七八日淘米七升，上甑，以药盒安米中炊之，以饭熟为度。收去盒盖，星辰下露一宿。第二次以月望前后，如上炊饭七升，药盒夜露月明中一宿。第三次以二十四日前后，早辰依前法炊米七升，将盒安内蒸之，去盖，晒于日中，取足日月星三光之气。第四次先将牛肉汁三升入砂锅，炭火逼令如鱼眼沸，下乳香末候化，入前三次蒸过赤石脂末，倾入牛汁内，用柳条搅匀，倾在乳钵内，细研，复入原药盒内，又用米七升炊之，将盒安置米中，米熟取起。第五次以蜜二斤入砂锅内慢火逼之，如鱼眼滚起，将蒸过盒内药物倾入蜜内，用柳木不住手搅匀，入甘草末三两同熬，带湿便住，再用米七升，入甑，安盒入米中蒸之。饭熟取起，以盒入水盆内，浸盒底半日，不令水入盒内，取起以净器收贮。初服选天月德黄道吉日，清晨空心，焚香面东七拜，好酒调下一匙。此乃稀世延年仙丹，无金石之毒，亦无误生之理，服食之后乃得四气调和，百骸舒畅，功妙无穷。但许度人，不得索利，则效乃神速。此丹服之旬余，自觉藏府通快，精神清爽。凡风劳冷气，一切难病，悉皆除去。若服两料，则寿延百岁。凡人须养脾，脾养则肝荣，肝荣则心壮，心壮则肺盛，肺盛则元藏实，元藏实则根本固，是为深根固蒂，长生久视妙道，在此药中得矣，岂寻常之药物也哉。合药器用如左：

大小银盒锅二具（小容五六两，药盒子有盖者；大容五斗。磁锅有银，绝妙），新瓦盆三个，盛一斗豆者，木甑一个，容斗饭者，盖甑盆一只，新锅灶一副，乳钵一个，竹木匙大小二个，柳木锹三五把，小笊篱一把，柴用一百斤。

【译】赤石脂（十两）、黄牛肉汁（三大升）、明乳香（一斤）、白蜜（一斤）、甘草末（三两）、白粳米（三斗五升），分作五份。蒸药到熟为度。

以上六味，先把赤石脂研为末，用生绢夹袋子盛起放在泔水盆里，浸泡半天，用手揉搓药袋，使药末透出袋子沉在水底，然后刮下这些赤石脂末，在纸上控干，取净细末五两，放到银盒里盛储，无银盒用青白瓷圆盒也可以。然后蒸几次。第一次必须在初七、初八日淘米七升，上甑，把药盒放在米中间蒸，以饭熟为标准。收起盒盖，在星辰下露放一夜。第二次在月望前后，如上方法蒸饭七升，药盒在明月下放一夜。第三次在二十四日前后，早晨按前法蒸米七升，同样将药盒放在里面，蒸后去盖，在阳光下晒，如此可以取足日月星三光之气。第四次先把牛肉汁三升倒进砂锅，用炭火慢熬，让沸腾的泡沫像鱼眼一样，下进乳香末等溶化后，把前三次蒸过的赤石脂末倾倒进牛肉汁里面，用柳条搅匀。再倾倒在乳钵里边，细研，又放入原药盒内，又用米七升蒸，把药盒放在米中，米熟了取出。第五次用蜂蜜二斤放入砂锅慢烧到如鱼眼泡滚起，把蒸过的盒内药物倒进蜜中，用柳木不住手地搅匀，再加上甘草末三两一起熬，还湿着就停住，再用米七升放进甑里，把药盒放在米中一起蒸，饭熟后取出来，把药盒放到水盒里，浸住盒底半天，不要让水进到盒里，然后取出用干净的器具贮存。初次服用要选天德黄道吉日，清晨空腹，焚香面向东方七拜，用好酒调下一汤匙。这是世间稀少的延年仙丹，没有金石的毒性，也没有误伤身体的理由，服食之后可以得到四气调和，百骸舒畅，其功效奇妙无穷。但只许以此丹度脱别人，不许谋利，这样就功效神速。此丹服用十多天，自己会感到五脏六腑通快，精神清爽。凡是风劳冷气及一切难治的病，全都除去。如果服用两料，则寿命可延长百岁。凡人必须养脾，脾养则肝荣，肝荣则心壮，心壮则肺盛，肺盛则元藏实，元藏实则根本固，这是深根固蒂、长生久视的奇妙路径，都在此药中得到了，这难道还能说是平常的药物吗？做药的器具用度如下：

大小银盒、锅二具（小可容五六两，药盒子是有盖的；大可容五斗。磁锅如果有银的，绝妙），新瓦盆三个，要能盛一斗豆子的，木甑一个，要能容下一斗饭的，盖甑盆一只，新锅灶一副，乳钵一个，竹木汤匙大小二个，柳木锹三五把，小笊篱一把，烧柴用一百斤。

枸杞茶

于深秋摘红熟枸杞子，同干面拌和成剂，捍作饼样，晒干研为细末。每红茶一两，枸杞子末二两，同和匀，入炼化酥油三两，或香油亦可，旋添汤搅成膏子，用盐少许，入锅煎熟饮之，甚有益，及明目。

【译】在深秋时候，摘红熟的枸杞子，同干面拌和成剂子，擀作饼样，晒干研为细末。用红茶一两，枸杞子末二两，再一同拌和均匀，加入炼化的酥油三两（香油也可以）不断添水搅成膏子，加上少量的盐，在锅里煎熟了饮用，很有益处，还能明目。

益气牛乳方

黄牛乳最宜老人，性平补血脉，益心气，长肌肉，令人身体康强，润泽面目，悦志不衰，故人常须供之，以为常食。或为乳饼，或作乳饮等，恒使恣意充足为度，此物胜肉远矣。

【译】黄牛的奶最适于老年人，性质平和，能补血脉，助益心气，增长肌肉，让人身体健康强壮，润泽脸部，愉悦心志不衰老，所以要经常准备，作为日常的食品。或者做成乳饼，或者做成乳饮等，都要做到随意饮用，保证供应。这个东西的功效要远远胜过牛肉。

铁瓮先生琼玉膏

此膏填精补髓，肠化为筋，万神俱足，五脏盈溢，发白变黑，返老还童，行如奔马。日进数服，终日不食亦不饥。开通强志，日诵万言，神识高迈，夜无梦想。服之十剂绝其欲，修阴功，成地仙矣。一料分五处可救五人痈，分十处可救十人痨疾。修合之时沐浴至心，勿轻示人。

新罗参（二十四两去芦）、生地黄（一十六斤取汁）、白茯苓（四十五两去皮）、白沙蜜（一十斤炼净）。

各件人参、茯苓为细末，用密生绢滤过。地黄取自然汁，捣时不用铜铁器，取汁尽，去滓。用药一处拌和匀，入银石器或好磁器内，封用净纸二三十重，封闭入汤内，以桑柴火煮三昼夜。取出，用蜡纸数重包瓶口，入井中，去火毒一伏时。取出，再入旧汤内煮一日，出水气。取出开封，取三匙作三盏，祭天地百神，焚香设拜，至诚端心。每日空心酒调一匙头服。原方如此，但痨嗽气盛血虚肺热者，不可用人参。

【译】此膏可以填精补髓，肠化为筋，万神俱足，五脏盈溢，白发变黑，返老还童，行如奔马。如果每天服用几服，终日不吃饭也不觉得饿。能开通强志，日诵万言，神识高迈，夜无梦想。服用十剂就能断绝欲念，修得阴功，成为地仙。一料膏分作五份可以救五个人的恶疮，分成十份可以救十个人的痨病。修炼制药之时，要沐浴修心，不要随便告知别人。

新罗参（二十四两，去掉叶茎）、生地黄（十六斤取汁）、白茯苓（四十五两去皮）、白沙蜜（十斤炼净）。

以上人参、茯苓研为细末，用密生绢滤过。地黄取其自然汁液，捣的时候不要用铜铁器，汁液取完，弃掉残渣。上面几种药放在一起搅拌混合均匀，放入银石器或好磁器里，用干净纸封固二三十层，封好后，放进水里，用桑柴火煮三昼夜。取出来，用蜡纸多层包住瓶口，放入井中，去火去毒一个伏时。取出，再入旧汤里煮一天，出出水气。取出开封，取三匙作三杯，祭祀天地百神，焚香设拜，心要至诚端正。每天空腹用酒调一匙头服用。原方如此，但痨咳气盛、血虚肺热的人，不能用人参。

地仙煎

治腰膝疼痛，一切腹内冷病，令人颜色悦泽，骨髓坚固，行及奔马。

山药（一斤）、杏仁（一升，汤泡去皮尖）、生牛乳（二斤）。

各件将杏仁研细，入牛乳，和山药拌绞取汁，用新磁瓶密封，汤煮一日。每日空心，酒调服一匙头。

【译】治疗腰膝疼痛，所有腹内的冷病，使人肤色润泽，骨髓坚固，步行如奔马。

山药（一斤）、杏仁（一升，水泡去皮尖）、生牛奶（二斤）。

以上这些材料与杏仁研细，加到牛奶里，与山药混合拌绞取汁，用新瓷瓶密封，水煮一天。每天空腹，用酒调服一汤匙。

金水煎

延年益寿，填精补髓，久服发白变黑，返老还童。

枸杞子（不以多少，采红熟者）。

各用无灰酒浸之，冬六日，夏三日，于沙盆内研令极细，然后以布袋绞取汁，与前浸酒一同慢火熬成膏，于净磁器内封贮，重汤煮之。每服一匙，入酥油少许，温酒调下。

【译】延年益寿，填精补髓，长久服用白发变黑，返老还童。

枸杞子（不限多少，采红熟的）。

用没有灰的酒浸泡枸杞子，冬季六天，夏季三天，然后在沙盆里研到极细，再用布袋绞出汁液，与前面说的浸泡酒一起用慢火熬成膏，在洁净瓷器中封好，然后用很多水来煮。每次服一汤匙，加上少量酥油，温酒调和服下。

天门冬膏

去积聚风痰癫疾，三虫伏尸除瘟疫，轻身益气，令人不饥，延年不老。

天门冬（不以多少，去皮去心，去根须，洗净）。

各件捣碎，布绞取汁，澄清滤过，用磁器、砂锅或银器，慢火熬成膏。每服一匙，空心温酒调下。

【译】除掉积聚风痰癫疾，三虫伏尸除瘟疫，轻身益气，让人不觉饥饿，延年不老。

天门冬（不论多少，去皮去芯，去根须，洗干净）。

把天门冬捣碎，用布绞取汁，澄清后滤过，用瓷器、砂锅或银器，慢火熬成膏。每次服一汤匙，空腹温酒调和服下。

不畏寒方

取天门冬、茯苓为末，或酒或水调服之。每日频服，大寒时汗出，单衣忘冷。

【译】取天门冬、茯苓研为末，或酒或水调和服用。每天多次服用，大寒季节都出汗，穿单衣服也忘了冷。

服五加皮说

舜帝登苍梧日，厥金玉香草，即五加皮也。服之延年，故曰："宁得一把五加，不用金玉满车。宁得一斤地榆，不用明月宝珠。"昔鲁定公母单服五加皮酒，以致延生。如张子声、杨始建、王叔才、于世彦等皆古人，服五加皮酒，房室不绝，皆寿考多子。世世有服五加皮酒而获乎寿者甚众。（出东华真人《煮石经》）

【译】舜帝到苍梧的时候，撅得金玉香草，就是五加皮。服用它可以延年益寿，所以说："宁得一把五加，不要金玉满车；宁得一斤地榆，不要明月宝珠。"当年鲁定公的母亲单服五加皮酒，以至延长了寿命。再如张子声、杨始建、王叔才、于世彦等古代人，都是服用五加皮酒，虽然房事不绝，却都高寿多子。世代因喝五加皮酒而获高寿的人真是很多。（出自东华真人的《煮石经》）

服松子法

不以多少，研为膏，空心温酒调下一匙，日三服则不饥渴。久服日行五百里，身轻体健。

【译】不论多少，研细末熬成膏，空腹温酒调和服下一匙，一天三服就不感到饥渴。长期服用可日行五百里，身轻体健。

服槐实法

于牛胆中浸渍百日，阴干。每日吞一枚，百日身轻，千日白发自黑，久服通明。

【译】把槐实在牛胆里浸渍一百天，阴干。每天吞服一个，一百天后就会感觉身子轻捷，一千天就会白发自然变黑，长期服用可以耳通目明。

服莲花法

七月七日采莲花七分，八月八日采莲根八分，九月九日采莲子九分，阴干食之，令人不老。

【译】七月七日采莲花七分，八月八日采莲根八分，九月九日采莲子九分，都阴干后服食，让人不衰老。

服食松根法

取东行松根，剥取白皮细剉，曝燥，捣筛，饱食之，可绝谷，渴则饮水。

【译】取向东生长的松树根，剥去白皮，细细地锉，然后晒干，捣碎过筛。吃饱了，可以不吃谷类，渴了只喝水即可。

服食茯苓法

茯苓削去黑皮捣末，以醇酒于瓦器中渍令淹足，又瓦器覆上，密封泥涂，十五日发，当如饵食。造饼日三，亦可屑服方寸匕。不饥渴，除病延年。

【译】茯苓削去黑皮，捣成末，用醇酒在瓦器里腌渍，让它充分吸收酒力，再用瓦器盖上，用泥涂缝密封好。十五天后打开，可以当作点心吃。做成饼，每天服三个，也可以用一寸大的勺杓子服用碎屑。服用之后不感到饥渴，除病延年。

服食术方

于潜术①一石净洗捣之，水二石渍一宿，煮减半，加清酒五升重煮，取一石，绞去滓，更微火煎熬，纳大豆末二升，天门冬末一升，搅和丸如弹子，且服三丸，日一。或山居远行代食，耐风寒，延寿无病。此崔野子所服法。天门冬去心皮也。

【译】用野潜术一石洗净捣碎，水二石淹泡一天，煮到水减去一半，加上清酒五升重新煎煮，煮到剩下一石，绞去渣滓，再用微火煎熬。加上大豆末二升，天门冬末一升，和在一起做成弹子样的药丸，服用三丸，每天一次。在山里住和到远处去时代替食品，可以耐风寒，延长寿命除去病灾。这是崔野子所服用的方法，天门冬要去掉芯皮。

服食黄精法

黄精细切一石，以水二石五升，一云六石，微火煮，且至夕，熟出使冷，手擂碎，布囊榨汁煎之，滓曝燥捣末，合向釜中煎熬，可为丸如鸡子。服一丸，日三服。绝谷除百病，身轻体健，不老。少服而令有常，不须多而中绝。渴则饮水。云此方最佳，出五符中。

【译】黄精一石切细，用水二石五升，一种说法是六石，

---

①于潜术：一种野生的白术，也叫野于术。生在浙江于潜、昌化、天圆山一带，以于潜所产量大质优。不是天门冬去心皮。

微火煮，由早到晚，熟后取出冷却，用手研碎，再用布袋榨出汁液煎煮，渣滓晒干捣成细末，合起来在锅里煎熬。可以做成鸡蛋大小的药丸。一次服一丸，一天服三次。可以避绝谷类进食，除去百病，身轻体健，不衰老。可以一次少服经常服用，不必一次服很多而中间断绝不服。渴了就喝水。有人说此方最好，出自《五符经》。

又法

（黄精）

取黄精捣挀①取汁三升，若不出，以水浇榨取之。生地黄汁三斤，天门冬汁三升，合，微火煎减半，纳白蜜五斤，复煎令可丸。服如弹丸，日三服，不饥，美色。变可止榨取汁三升，汤上煎，可丸，日食如鸡子大一枚，再服三十日，不饥，行如奔马。天门冬去心皮。

【译】黄精捣碎扭榨，取汁液三升。如果不出汁液，用水浇一下再榨取。生地黄汁三升，天门冬汁三升，合起来，用微火煎煮，使汁液减去一半。加入白蜜五斤，再煎煮到可以做药丸的程度。弹丸大小药丸，一天服三次，可以使人不觉饥饿，肤色美好。也可以只榨取黄精汁液三升，煎煮到可以做药丸。每天服用如鸡蛋大一丸，连服三十天，使人不觉不饥饿，行走如奔马。天门冬要去掉心皮。

①挀（liè列）：扭转。此处作扭榨解。

服食萎蕤^①法

常以二月九日采叶，切干治，服方寸匕，日三。亦依黄精所饵法。服之导气脉，强筋骨，治中风跌筋结肉，去面皱，好颜色，久服延年神仙。

【译】常规是在二月九日采萎蕤的叶子，切片晒干，制成膏，服用一方寸匕，一天三次。也可按黄精的吃法。服用萎蕤可以导气脉、强筋骨，治疗中风跌筋结肉，除去脸上皱纹，肤色变好，长久服用延年益寿，就变成神仙了。

服食天门冬法

干天门冬十斤，杏仁一升，捣末蜜溲，服方寸匕，日三夜一。甘始所服曰仙人粮。

【译】干天门冬十斤，杏仁一升，捣成末用蜜浸渍，每次服用一方寸匕，每天服三次，夜间服一次。甘始所服用的叫仙人粮。

服食巨胜法

胡麻肥黑者，取无多少，簸治蒸之，令热气周用遍，如炊顷便出曝，明旦又蒸曝，凡九遍止。烈日亦可一日三蒸曝，三日凡九过。燥讫以汤水微沾，于臼中捣，使白。复曝燥，簸去皮，熬使香，急手捣下粗筛。随意服，日二三升。亦可以蜜丸如鸡子大，日服五枚，亦可饴和之，亦可以酒和服，稍稍自减。百日无复病，一年后身面滑泽，水洗不着肉。五

①萎蕤（ruí 瑞）：一作葳蕤，草名，即玉竹。

年水火不害，行及奔马。

【译】取胡麻肥大而黑的，不论多少，颠簸干净后锅蒸，要让热气蒸透，大约一顿饭工夫，取出日晒，第二天早晨又蒸又晒，这样一共九次才停止。如果是烈日也可以一天三次蒸晒，三天即可到九次。干燥后稍微沾一些汤水，放在白中捣，使之发白。然后再晒干燥，簸去皮，煎熬使有香味，急速捣细，再用粗筛过滤。可随意服用，一天服二三升。也可以炼为蜜丸如鸡蛋大，一天服五枚。也可以用饴糖和着服，也可以用酒和着服，但要稍稍自己减些量。服用百日不生病，一年后身上脸上肌肤润泽，水洗不沾肉，五年后连水火都不能侵害，行走赶得上奔马。

辟谷住食方

秫米（一斗，麻油六两炒冷）、盐末、川姜、小椒（各等分十两）、蔓菁子（三升）、干大枣（五升）。

各六味为细末，每服一大匙，新水调下，日进三服。不饥渴，渐有力。如吃诸般果木、茶汤任意，不可食肉，大忌也。

食品大忌有八：

走死的马，饮杀的驴，胀死的牛，红眼的羊，自死的猪，有弹的鳖，怀胎的兔，无鳞的鱼。

古书云：皆不可食之，若食之，生百疾也。

【译】秫米（一斗，麻油六两炒后冷却）、盐末、川姜、小椒（各等分十两）、蔓菁子（三升）、干大枣（五升）。

以上六味物品共研为细末。每次服用一大汤匙，用新水调和送下，每天进三服。感觉不饥渴，逐渐有力。如吃各种果木、茶汤都可随意，只是不能吃肉，这是大忌。

食品大忌有八种：走死的马，饮杀的驴，胀死的牛，红眼的羊，自死的猪，有卵的鳖，怀胎的兔，无鳞的鱼。

古书上说：这些都不可食用，如果吃了，要生病的。

辟谷①方

永宁二年二月十七日黄门侍郎刘景先表言：臣遇太白山隐士得此方。臣闻京师米粮大贵，宜以此济之，令人不饥，耳目聪明，颜色光泽。如有诳妄，臣一家甘受刑戮。四季用黑豆五升，净洗后，蒸三遍，晒干去皮，淘净蒸三遍，碓捣，次下豆黄，共为细末，用糯米粥合和成圆，如拳大，入甑蒸。从夜至子住火，至寅取出，于磁器内盛盖，不令风干。每服三块，但饱为度，不得食一切物。第一顿七日不饥。第二顿七七日不饥。第三顿三百日不饥，容颜佳胜，更不憔悴。渴即研火麻子浆饮，更滋润腑脏。若要重吃物，用葵子三合，杵碎煎汤饮，开导胃脘，以待冲和，无损。此方勒石汉阳军大别山太平兴国寺。

【译】永宁二年二月十七日黄门侍郎刘景先上表章说：

①辟（pì）谷：即不吃饭也能维持生命。辟，排除。谷，谷米。此方食物可耐饥，但说可以七日以至三百日不饥，则夸大不可信。

微臣遇到了太白山的隐士，得到这个方子。微臣听说京师米粮特别贵，适合用这个方子调剂，可以让人不觉饥饿，耳聪目明，颜色有光泽。若有欺骗胡说，臣一家人甘愿受刑戮。四季均可，用黑豆五升，洗净后，蒸三遍，晒干去皮。淘净后蒸三遍，用春谷的碓捣，其次下豆黄，共捣为细末，再用糯米粥合成圆团如拳头大小，上甑蒸。从夜到子时住火，到寅时取出，在瓷器里盛上盖住，免得风干。每次服用三块，以吃饱为限度，可以不再吃其他食物。第一顿七天不饥饿，第二顿四十九天不饥饿，第三顿三百天不饥饿，容颜极好，更不会憔悴。渴了就研大麻子浆液来喝，更能滋润腑脏。如果要重新吃食物，用葵子三合，杵碎煎水喝了，开导胃脘，等到其冲和无损就可以了。此方刻在汉阳军大别山太平兴国寺的石碑上。

神仙饵蒺藜方

蒺藜一石，常以七八月熟，收之。采来曝干，先入臼，春去刺，然后为细末。每服二匙，新水调下，日进三服，勿令断绝。服之长生。服一年后，冬不寒，夏不热；服之二年，老返少，头白再黑，齿落更生，服之三年身轻延寿。

【译】蒺藜一石，平常在七八月成熟，收起来后晒干，先放进臼里，春去尖刺，然后研成细末。每次服用两匙，用新水调和送下。每天三服，不要间断。服用它可以长生。服用一年后，冬天不冷，夏天不热。服用两年，老人返还少年，头白再黑，齿落更生。服用三年，身体轻健延年益寿。

神仙服槐子延年不老方

常以十月上巳日取，在新磁器内盛之，以盆合其上，密泥勿令走气，三七日开取，去皮。从月初日服一粒，以水下，日加一粒，直至月半，却减一粒为度。终而复始，令人可能夜看细书。久服此，使力百倍。

【译】一般都是在十月的上巳日采集槐子，在新瓷器里盛放，再用盆合盖在上面，用泥密封不使透气，二十一天后打开，去掉皮。从月初开始每天服一粒，以水送下，每天增加一粒，直到月半，改为每天减一粒，直到减至一粒为止，这样终而复始，让人在夜间可以看小字的书。长久服用，使人气力百倍。

紫霞杯方（此至妙秘方）

此杯之药，配合造化，调理阴阳，夺天地冲和之气，得水火既济之方，不冷不热，不缓不急，有延年却老之功，脱胎换骨之妙。大能清上补下，升降阴阳，通九窍，杀九虫，除梦泄，悦容颜，解头风，身体轻健，脏腑和同。开胸膈，化痰涎，明目润肌肤，添精蠲疝坠。又治妇人血海虚冷，赤白带下。惟孕妇不可服，其余男妇老少，清晨热酒服二三杯，百病皆除，诸药无出此方。（用久杯薄，以糠皮一椀，坐杯于中，泻酒取饮，若碎破，每取杯药一分，研入酒中充服，以杯料尽，再用另服。）

真珠（一钱）、琥珀（一钱）、乳香（一钱）、金箔（二十张）、雄黄（一钱）、阳起石（一钱）、香白芷（一钱）、硃砂（一钱）、血竭（一钱）、片脑（一钱）、潮脑（一钱，倾杯方入）、麝香（七分半）、甘松（一钱）、三奈（一钱）、紫粉（一钱）、赤石脂（一钱）、木香（一钱）、安息（一钱）、沉香（一钱）、没药（一钱）。

制硫法：用紫背浮萍于罐内，将硫黄以绢袋盛，悬系于罐中，煮滚数十沸。取出候干，研末十两，同前香药入铜杓中，慢火溶化。取出，候火气少息，用好样银酒钟一个，周围以布纸包裹，中开一孔，倾硫黄于内，手执酒钟旋转，以匀为度，仍投冷水盆中，取出。有火症者勿服。

【译】这个杯子制成的药，配合造化，调理阴阳。夺天地冲和之气，得到水火相济之方，不冷不热，不缓不急，有延长寿命抵御衰老之功，脱胎换骨的好处。大的方面能清上补下，升降阴阳，通顺九窍，杀灭九虫，除去梦泄，愉悦容颜，解除头风，身轻体健，脏腑调和。开胸膈，化痰涎，明目润肌肤，添精除疝坠。也治妇女冲脉虚冷，赤白带下。只有孕妇不能服用，其余男女老少皆宜。清晨热酒服二三杯，百病皆除，各种药剂没有好于此方的（用久了杯会变薄，用糠皮一碗，杯子坐在其中，倒入酒取来饮用。如果杯子碎破，每次取杯药一分，研磨入酒中冲服，如杯料已用完了，再服另外杯料）。

真珠（一钱）、琥珀（一钱）、乳香（一钱）、金箔（二十张）、雄黄（一钱）、阳起石（一钱）、香白芷（一钱）、砵砂（一钱）、血竭（一钱）、片脑（一钱）、潮脑（一钱，倾杯方入）、麝香（七分半）、甘松（一钱）、三柰（一钱）、紫粉（一钱）、赤石脂（一钱）、木香（一钱）、安息（一钱）、沉香（一钱）、没药（一钱）。

制硫法：把紫背的浮萍放入罐里，把硫黄用绢袋装盛，悬系在罐中，煮几十个滚沸。取出来待干，研成末十两，同前面的香药放到铜勺里，慢火溶化，取出，等火气稍息，用好样的银酒钟一个，周围用布纸包裹起来，中间开一个孔，硫黄倾倒进去，手拿酒钟均匀旋转，转出硫磺等仍投进冷盆里，再取出来。有火症的人不要服用。

升玄明粉法

好净皮硝五斤，皂角半斤，白萝葡十数斤（切片），用水大半坛，煮滚十数次漉出，萝葡勿用。仍切萝葡再煮，如此三四次，以萝葡无咸味为度。再用稀绢滤去渣。以锅盛之，露一宿，次日锅中皆牙硝。取出，以棉纸袋盛裹，悬于当风去处，自化成粉。夏月每粉一两，甘草末一钱和之，每服一钱，沸汤调下，大能解暑热，化顽结老痰，从后泻出。痰火圣药。

【译】用好净皮硝五斤，皂角半斤，白萝卜十来斤（切成片），配大半缸水，煮到滚沸十来次滤出，萝卜不用。再切萝卜再煮，这样三四次，直到萝书没有咸味。再用稀绢滤去渣滓。用锅盛上，暴露一宿，第二天锅里都是牙硝。取出，盛到棉纸袋里，悬挂在通风之处，自会化成粉。夏季每粉一两，用甘草末一钱和起来。每次服用一钱，开水调和服下。特别能解除暑热，化掉的顽结老痰从后面泻出。这是化痰火的圣药。

河上公^①服芡实散方

干鸡头实（去壳）、忍冬茎叶（拣无虫污、新肥者，即金银花也）、干藕各一斤。

右三味为片段于甑内，炊熟曝干，捣罗为末。每日食后，冬汤夏水，服一钱匕。久服益寿延年，身轻不老，悦颜色，壮肌肤，健脾胃，去留滞，功妙难尽，久则自知。

【译】干鸡头米（去壳）、忍冬茎叶（拣选没有虫子、新收而且肥大的，也就是金银花）、干藕各一斤。

以上三味切成片或段放在甑里，蒸熟晒干，捣研为末过箩。冬季用开水夏季用凉水，每天饭后，服用一钱。长久服用益寿延年，身轻不老，愉悦颜色，强壮肌肤，健旺脾胃，除去留滞，好处说不完，用的时间长了自己就体会到了。

服天门冬法

取天门冬二斤，熟地黄一斤，捣罗为末，炼蜜为丸，如弹子大。每服三丸，以温酒调下，日三服。久服强骨髓，驻容颜，去三尸，断谷，轻身，延年不老，百病不生。若以茯苓等分为末同服，天寒单衣汗出。忌食鲤鱼并腥羶之物。

---

①河上公：相传为西汉初年道家，姓名不详。此处乃托河上公之名，并非河上公传方。

【译】取天二斤门冬，一斤熟地黄，捣碎罗为末，炼蜜为丸，如弹子大小。每次服三丸，用温酒送下，每日三服。长久服用强骨髓，驻容颜，去三尸，断绝谷物，轻便身躯，延年不老，百病不生。如果以茯苓相等份额一起服用，天寒时穿单衣也出汗。忌食鲤鱼和腥膻之物。

服藕实茎法

味甘平寒无毒，主补中，养神益气力，除百疾。轻身，耐老，不饥延年，一名水芝丹。《药性论》云：藕汁亦单用，味甘，能消淤血不散。节捣汁，主口鼻吐血不止，并皆治之。又云：莲子性寒，主五脏不足，伤中气绝，利益十二经脉血气。生食微动气，蒸食之良。又熟去心为末，蜡蜜和丸，日服十丸，令人不饥。此方仙家用尔。陈藏器云：荷鼻味苦平，无毒，主安胎，去恶血，留好血。血痢，煮服之即止。荷叶并蒂及莲房，主血胀腹痛，产后胎衣不下，酒煮服。又，食野菌毒，用水煮服藕粉。水云深处曾制，取粗者，洗净捣烂，布绞取汁，以密布再滤过，澄去上清水。如汁稠难澄，添水搅即成为粉。服之轻身延年。

【译】藕味道甘平性寒无毒，主要功效是补中气，养神益气力，除去各种病，轻身，耐老，不感觉饥饿，延长寿命，又名水芝丹。《药性论》说：藕汁也可以单用，味甘，能消淤血不散。藕节捣成汁，口鼻流血不止，都可以治疗。又说：莲子性寒，主治五脏不足，伤中气绝，利于十二经脉血气。

生吃稍微动气，蒸熟吃为好。另外做熟后去心研成末，用蜡和蜜做成丸，一天服用十丸，让人感受不到饥饿。这个方子是仙家用的。陈藏器说：荷鼻味苦平，无毒，主安胎，去恶血，留好血。拉血痢疾，煮服即可止住。荷叶并蒂以及莲房，主治血胀腹痛，产后胎衣不下，用酒煮服。又因吃野菌中毒，可用水煮藕粉服用。有庙庵僧人制作藕粉，取粗大莲藕，洗净捣烂，用布绞出汁液，用密布再滤过，澄清去掉上部清水。如果汁液太稠难以澄清，添些水搅拌后就可以沉淀成粉。长期服用可以轻身延年。

硃砂雄黄杯法

碾好辰砂为细末，白蜡溶开，入砂，倾入酒钟内，如前法取起成杯。有宁心安神延年益筭之功。用雄黄者亦如此法。有解毒辟百虫之力。恐二杯皆不如紫霞杯之妙也。

【译】把好辰砂碾作细末，白蜡溶开后，加入辰砂末，再倒入酒盅里，按前面的方法取起。有宁心安神，延年益寿的功效。雄黄也用这个方法。有解毒驱避百虫的力量。但恐怕这两种杯都不如紫霞杯的妙用。

神仙巨胜丸方

轻身壮阳，却老还童，去三尸，下九虫，除万病。

巨胜（酒浸一宿，九蒸九曝）、牛膝（酒浸切焙）、巴戟天（去心）、天门冬（去心焙）、熟干地黄（焙）、柳桂（去粗皮）、酸枣仁、覆盆子、菟丝子（酒浸制，捣焙干）、山芋、远志（去心）、菊花、人参、白茯苓（去黑皮，各一两）。

右一十四味，拣择净，捣罗为末，炼蜜为丸，如梧桐子大。每服空心，温酒下二十丸。服一月身轻体健，万病不侵。

【译】轻身壮阳，抗老还童，去三尸，下九虫，除万病。

巨胜（用酒浸泡一晚上，九蒸九晒）、牛膝（用酒浸泡，切片焙干）、巴戟天（去心）、天门冬（去心，焙干）、熟地黄（焙干）、抑挂（去粗皮）、酸枣仁、覆盆子、菟丝子（酒浸制，捣碎干）、山芋、远志（去心）、菊花、人参、白茯苓（去黑皮）各一两。

以上十四味，拣择干净，捣碎后用箩箩取细末，炼蜜将药末和好，做成梧桐子大小的丸。空腹服用，温酒送下二十丸。服一个月后身轻体健，万病不侵身。

服柏实方

右于八月合取柏房，曝之令坼，其子自脱，用清水淘取沉者，控干，轻椎取仁，捣罗为细末。每服二钱匕，酒调下。冬月温酒下，早晨、日午、近晚各一服，稍增至四五钱。加菊花末等分，蜜丸如梧桐子大，每服十丸、二十丸，日三服，酒下。

【译】八月以后采取柏房，曝晒让它裂开，种子就会自己脱落，用清水淘取其中下沉的，控干，轻敲取仁，捣碎过箩为细末。每次二钱匕，酒调和服下。冬季用温酒送下，早晨，

中午、傍晚各一服，药量可以稍稍增加到四五钱。加等份的
菊花末，做成梧桐子大小的蜜丸，每次十九、二十九，日服
三次，以酒送下。

服食大茯苓丸方

白茯苓（去黑皮）、茯神（抱木者去木）、大枣桂（去粗皮，
各一两），人参、白术、远志（去心炒黄）、细辛（去苗叶）、
石菖蒲（一寸九节者，米泔浸三日，日换泔浸，碎切曝干，
各二十两）、甘草（八两，水蘸，擘破，炙）、干姜（五两，
炮裂）。

右十一味捣罗为末，炼蜜黄色，掠去沫。停冷拌和为丸，
如弹子大。每服一丸，久服不饥不渴。若曾食生菜、果子，
食冷水不消者，服之立愈。五藏积聚气逆，心腹切痛，结气
腹胀，吐逆不下食，生姜汤下，羸瘦饮食无味，酒下。欲求
仙未得诸大丹者，皆须服之。若不绝房室，不能断谷者，但
服之，去万病，令人长生不老。合时须辰日辰时，于空室中，
衣服洁净，不得令鸡犬、妇人、孝子见之。

【译】白茯苓（去黑皮）、茯神（连着木头的就把木头
去掉）、大枣桂（去粗皮）各一两，人参、白术、远志（去
心炒黄）、细辛（去苗叶）、石菖蒲（一寸九节的，米泔水
浸泡三天，每天换泔水，切碎晒干）各二十两、甘草（八两，
蘸水，擘开，烤干）、干姜（五两，放容器中加热至发泡鼓起）。

以上十一种原料，捣碎过箩取末，把蜜炼成黄色，掠去

沫，冷却后拌和（药末），做成弹子大的丸。每次服用一丸，长久服用不饥不渴。如果吃了生菜、果子，或喝冷水造成不消化，服下立即痊愈。五脏积聚气逆，心腹剧痛，结气腹胀，呕吐吃不下饭等情况，用生姜汤送服。瘦弱而感到饮食无味的症状（情况），用酒送服。想求仙而没得到各种大丹的，都要服用。不断绝房事，不断绝谷物的，只要服此丸，可以去万病，令人长生不老。适当配制此丸的时间必须是辰日辰时，在空室内，衣服洁净，不能让鸡犬、妇女、孝子看见。

李八伯杏金丹方

取肥实杏仁五斗，以布袋盛，用井花水浸三日，次入甑中，以帛覆之，上铺黄泥五寸，炊一日，去泥取出，又于粟中炊一日，又于小麦中炊一日，压取油五升，澄清。用银瓶一只（打如水瓶样），如无银者用好砂罐为之，入油在内不得满。又以银圆叶可瓶口大小盖定，销银汁灌固口缝，入于大釜中煮七复时，常拨动。看油结打开，取药入器中，火消成汁，倾出放冷，其色如金。后入臼中捣之堪丸，即丸如黄米大。空心旦暮酒下，或用津液下二十丸。久服保气延年，发白变黑，能除万病。

【译】取五斗肥大结实的杏仁，用布袋盛装，用井花水浸泡三天，然后放在甑里用丝帛盖上，上面铺上五寸黄泥，蒸一天，去掉泥取出来，再放到粟米当中蒸一天，再放到小麦当中蒸一天，然后压榨后取五升油，澄清。用一只打成水瓶的样子的银瓶——没有银瓶用好砂罐也可以，把油倒在里面，不要倒满。再用与瓶口同样大小的银圆叶盖好，用融化了的银水灌封瓶口缝隙，放入大锅里煮十四个时辰，频繁拨动。看凝成的油结化开，再放进器皿中，用火化成汁，倾出再冷却，颜色如黄金。最后放入臼中捣到可以做成丸的时候，就做成黄米粒大小的丸。早、晚空腹用酒或者津液服下二十颗。长久服用可以保元气延寿命，白发变黑，能除去各种病症。

轻身延年仙术丸方

苍术米泔浸，夏秋三日，春七日，去皮洗净蒸半日，作片焙干，石柏捣为末，炼蜜为丸，如梧桐子大。每日早晨、日午酒下五十丸。

【译】用淘米水浸泡苍术（夏季、秋季三天，冬季七天），去皮洗净后蒸半天，切成片焙干，用石臼捣成末，用炼制好的蜂蜜和好，并做成梧桐子大小的丸。每天早晨、中午用酒送下五十丸。

枸杞煎方

采枸杞子，不拘多少，去蒂，清水净洗，淘出控乾。用夹布袋一枚，入枸杞子在内，干净砧上椎压，取自然汁。澄一宿，去清，石器内慢火熬成煎。取出瓷器内收。每服半匙头，温酒调下。明目驻颜，壮元气，润肌肤，久服大有益。如合时天色稍暖，其压下汁更不用经宿。其煎熬下三两年并不损坏。如久远服，多煎下亦无妨也。

【译】采集枸杞子，不限多少，去掉果蒂，用清水洗净，淘出控干。装入夹布袋中，在干净的砧上捶压，取其汁液。沉淀一晚上，去掉上面的清水，放在石质容器里慢火熬成膏。取出放在磁器中保存。每次服用半汤匙，用温酒送下。可以明目驻颜，壮元气，润肌肤，长久服用大有好处。如果制作时天气稍暖，压榨出的汁液不必经过一宿澄清。所熬膏汁两三年不会损坏。如长期服用，多熬一些也可以。

保镇丹田二精丸方

用黄精（去皮）、枸杞子各二斤。

右二味各八九月间采取，先用清水洗黄精一味令净，控干细剉，与枸杞子相和，杵碎拌令匀。阴干再捣，罗为细末。炼蜜为丸，如梧桐子大。每服三五十丸，空心食前温酒下。常服助气固精，补镇丹田，活血驻颜，长生不老。

【译】用黄精（去皮）、枸杞子各二斤。

以上两种原料都在八九月间采集，先用清水将黄精洗净，控干后磨细，与枸杞子和在一起，杵碎拌匀。阴干后再捣，用箩子箩取细末。用炼制好的蜂蜜和好，并做成梧桐子大小的丸。每次服用三五十丸，饭前空腹时用温酒送服。经常服用能助气固精，补镇丹田，活血驻颜，长生不老。

万病黄精丸方

用黄精（十斤净洗，蒸令烂熟）、白蜜（三斤）、天门冬（三斤，去心，蒸令烂熟）。

右三味拌和令匀，置于石臼内，捣一万杵。再分为四剂，每一剂再捣一万杵。过烂取出，丸如梧大。每三十丸温酒下，日三，不拘时服。延年益气，治疗万病，久服可希仙位。

【译】用黄精（十斤洗净，蒸到烂熟）、白蜜（三斤）、天门冬（三斤，去心，蒸到烂熟）。

以上三种原料搅拌均匀，放入石臼里，捣一万杵，再分作四剂（份），每一剂再捣一万杵。到非常烂的程度，取出，做成梧桐子大小的药丸。每次三十丸，用温酒送服，一日三次，不限时间。可以延长寿命，助益元气，治疗各种病症，长久服用可以成仙。

却老七精散

茯苓天之精（三两），地黄花地之精，桑寄生水之精（各二两），菊花月之精（一两三分），竹实日之精，地肤子星之精，车前子雷之精，各一两三分。

右七种，上应日月星辰，欲合药者以四时王相日，先斋戒九日，别于静室内焚香，修合捣罗为细散。每服三方寸匕，以井花水①调下，面向阳服之。须阳日一服，阴日二服，满四十九日即固精延年，却除百病，聪明耳目，甚验。地黄花须四月采，竹实似小麦，生蓝田竹林中。

【译】茯苓是天之精，地黄花是地之精，桑寄生是水之精，菊花是月之精，竹实是日之精，地肤子是星之精，车前子是

①井花水：早起从井里提取的第一桶净水。

雷之精。

以上七种，上应日月星辰，打算制作此药须在四时王相日，提前斋戒九天，在静室内焚香，把七种药料（比例是：茯苓三两，地黄花、桑寄生各二两，菊花一两三分，竹实、地肤子、车前子各一两三分）拌在一起捣碎，用箩子箩过，制成细末。每次服用时用三方寸大小的勺子盛取，用井花水调和，面向太阳服用。必须单日服一次，双日服两次，满四十九天就可以固精延年，除却百病，聪明耳目，很灵验。竹实像小麦，生长在蓝田的竹林之中。

去三尸灭百虫美颜色明

耳目雄黄丸用雄黄（透明如鸡冠，不杂石，捣罗一两）、松香（采明净纯白者），水中煮一二炊，将浮起者，取用如前法。

右二物和匀，杵为丸，弹子大。每早酒下一丸。服十日，三尸百虫自下出，人面紫气黑气皆除。服及一月，百病自瘥。常须清净，勿损药力。

【译】用雄黄（透明像鸡冠子状，不掺杂砂石，捣碎后用箩箩取一两）、松香（用明净纯白的），在水里煮开一两次，把浮起来的，取出后按前面所说方法进行操作。

将上面的两种物品均匀地和在一起，杵制成弹子大小的丸。每天早上用酒送服一颗。服用十天，三尸百虫就会从下面排出，人面部的紫气黑气都会除去。服到一个月，百病自愈。日常生活要保持清净，才能不损药力。

附

录

高濂《饮食当知所损论》[1]

高子曰：饮食所以养生，而贪嚼无忌，则生我亦能害我。况无补于生而欲贪异味以悦吾口者，往往隐祸不小。意谓一菜一鱼，一肉一饭，在士人则为丰具矣。然不足以充清歌举觚金匏盈席之燕[2]，但丰五鼎而罗八珍，天厨[3]之供应隆矣，又何俟搜奇致远，为口腹快哉。吾意玉瓒琼苏[4]与壶浆瓦缶同一醉也，鸡跖熊蹯与粝饭藜蒸[5]同一饱也。醉饱既同，何以侈俭各别，人可不知福当所惜？况《物理论》曰：谷气胜元气[6]，其人肥而不寿。养性之术尝使谷气少，则病不生矣。谷气且然，矧五味馀饫[7]为五内害哉！吾考禽兽谷食者，宜人是也。若远方珍品，绝壑野味，恐其所食多毒，一时尚珍，其于人之脏腑宜忌，又未可晓，悦口充肠，何贵于此？故西方圣人[8]使我戒杀茹素[9]岂果异道哉？人能不杀则性慈而善念举，茹素则口清而肠胃厚，无嗔无贪，罔不如此。即宣尼[10]

---

①选自高濂《遵生八版》卷十。

②金匏（páo 袍）盈席之燕：贵重的饮器、餐具摆满席上的宴会。

③天厨：指官中饮膳。

④玉瓒（zàn 赞）琼苏：高级饮器。

⑤鸡跖熊蹯（fān 番）：鸡爪熊掌。《淮南子》："齐王好食鸡跖，一食数十。"是为古代名食。熊掌亦为古代珍贵食品。粝饭藜蒸：粗粝的饭食，藜藿的蒸食。

⑥谷气胜元气：即摄入的炭水化合物过多，超过人体需要（人就会发胖）。

⑦矧（shěn 审）五味馀饫（yàn yù 艳玉）：况且五味吃饱了。饱。饫，饱。五内：即五脏。

⑧西方圣人：指佛教释迦牟尼等。

⑨茹素：吃素食。

⑩宣尼：孔子。孔子名丘字仲尼，死后被封建帝王追尊为"大成至圣文宣王"，故称"宣尼"。

恶衣恶食之戒，食无求饱之言，谓非同一道邪？余录诸经法言，觉彼饮食知忌，俾得人无之寿。

《内经》曰：谨和五味，骨正筋柔，气血以流，腠理以密，长有天命。酸多伤脾，肉皱而唇揭；醎多伤心，血凝而色变；甘多伤肾，骨病而齿败；苦多伤肺，皮槁而毛落；辛多伤肝，筋急而爪枯。凡食，先欲得热食，次食温食煖食，次冷食。食热温，食讫，如无冷食者，即吃冷水一两咽甚妙。若能恒记，即是养性之要法也。凡食欲得，先微吸取气，咽一两咽乃食，主无病。真人言：热食伤骨，冷食伤脏。热勿灼唇，冷勿痛齿。食讫踟蹰长生。饱食勿大语。大饮则血脉闭，大醉则神散。春宜食辛，夏宜食酸，秋宜食苦，冬宜食咸。此皆助五脏，益血气，辟诸病。食酸咸甜苦，即不得过分。春不食肝，夏不食心，秋不食肺，冬不食肾，四季不食脾。如能不食此五脏，尤顺天理。燕不可食，入水为蛟蛇所吞，亦不宜杀之。饱食讫即卧，病成背疼。

饮酒不宜多，多即吐，不佳。醉卧不可当凉风，亦不可用扇。皆损人。白蜜勿合李子同食，伤五内。醉不可强食，令人发痈疽、生疮。醉饱交接，小者令人面皯 [①] 咳嗽，大则不幸伤绝藏脉损命。

凡食欲得恒温暖，宜入易销，胜于习冷。

凡食皆熟胜于生，少胜于多。饱食走马，成心痴。饮水

---

①面皯（gǎn 感）：面色枯焦发黑。

勿急咽之，成气病及人癖水。食酪勿食鲊，变为血痰及尿血。热食汗出勿洗面，令人失颜色，面如虫行。食热食讫，勿以醋浆嗽口，令人口臭及血齿。马汗息及马尾毛入食中，亦能害人。鸡兔犬肉不可合食，烂肠。苑屋上滴浸宿脯，名曰郁脯，食之损人。

孙真人曰：久饥不得饱，食饱食，成癖病。饱食夜卧失覆，多霍乱死。时病新瘥，勿食生鱼，成痢不止。食生鱼勿食乳酪，变成虫。食兔肉勿食干姜，成霍乱。人食肉不用取上头最肥者，必众人先目之食，食者变成结气及疰疬①，凡食皆然。

《参赞书》云：凡空腹勿食生果，令人膈上热骨蒸，作痈疖。铜器盖食，汗出落食中，食之生疮，内疽。触寒未解食热食，亦作刺风。饮酒热未解，勿以冷水洗面，洗面令人发面疮。饱食勿沐发，沐发令人作头风。荞麦和猪肉食，不过三顿成热风。干脯勿置秫米瓮中，食之闭气。干脯火烧不动，出火始动，擘之筋缕相交者，食之患人或杀人。羊脾中有肉如珠子者，名羊悬筋，食之患癫。诸湿食不见形影者食之成痓，腹胀。暴疾后不用饮酒，膈上变热。

《忌食》云：凡新病瘥，不可食生枣、羊肉、生菜，损颜色，终身不复，多致膈上热蒸。凡食热死脂饼物，不用饮醋浆水，善失声若咽。生葱白合蜜食害人，切忌。干脯得水自动杀人。曝肉作脯不肯燥，勿食。羊肝勿合椒食，伤人心。胡荽合羊

---

①疰疬（zhù lì住力）：疰，消瘦衰弱，倦怠不思饮食。如疰夏，即到夏天就倦怠消瘦，疬，即瘰疬病，颈间结核的总称。

肉食之发热。

《延命录》曰：饮以养阳，食以养阴。食宜尝少，亦勿令虚，不饥强食则脾劳，不渴强饮则胃胀。冬则朝勿令虚，夏则夜勿令饱。饱食勿仰卧，成气痞。食后勿就寝，生百疾。凡食，色恶者勿食，味恶者勿食，失饪不食，不时不食。父母生己生肖犯者勿食。露食勿食。藏物不密者勿食。物色异常者勿食。三伏勿食。鱼无肠胆勿食，异形勿食。菌有毛，背无纹者勿食。闭口椒勿食。饮食上有细白末子并黑细末子者勿食。炙煿承热勿食。藏物作气勿食。铜器盖物勿食。旋作生鲊勿食。兽禽脑子勿食。六禽自死勿食。果实双仁勿食。肉块自动者勿食。鸡心勿食。蹄爪带毛者勿食。凡禽六指三足四距者勿食。凡卵上有八字痕者勿食。种种生物，或月令当忌，或五脏相反，或宜或忌者，坐右当置《食鉴本草》以为日用口食考证，无俟琐缀。饮酒食肉名曰痴脂，忧狂无恒。食良药五谷充悦者，名曰中士，犹虑疾苦。保精养神，名曰上士，与天同年。

【译】高子说：生命需要饮食来维持，但如果贪吃没有忌讳，养育我的东西也会伤害我。更何况那些无益于身体，只是贪图奇珍异味用来满足口福的东西，往往隐藏着不小的祸患。我认为一菜一鱼，一肉一饭，对一般人来说已是丰足了，然而不能出现在清歌举觞，金鲍盈席的富贵宴会上，但是装满五鼎而罗致八珍像宫庭的饮膳，供应可以说够隆重了，为何还要搜奇致远以满足口腹的痛快呢？我的意思是最高贵的玉瓒琼苏与不值钱的壶浆瓦缶，同样可以一醉，凤爪熊掌与粗茶淡饭同样可以一饱。醉与饱既然一样，为什么奢侈与俭朴各不相同，人们何以不知福分应当珍惜？况且《物理论》告诫我们：谷气胜过元气，这样的人肥胖而不长寿。调养生命的办法应使谷气少一些，就诸病不生了。谷气尚且如此，况且五味十分饱足危害五脏呢？我考察过那些吃谷食的禽兽，都适宜于人类。像远地的珍品，山谷的野味，恐怕它们所吃的许多都有毒，一时间认为是珍品，而它们对于人的脏腑应有宜忌，却未知晓，但愉悦口福、填饱肚肠，还有什么比是宜是忌更应重视的？所以佛祖要我们戒杀吃素，难道真的是异端邪说吗？人能不杀生就性慈而善心发扬，吃素就口清而胃健厚，不怒无贪，没有不是这样的。就是孔夫子对恶衣、恶食的戒除，食不求饱的言说，难道不是同一道理吗？我记录多种经书中的法言，认为饮食知道忌讳，才可以得到别人没有的寿命。

《内经》说：谨慎调和五味，就骨正筋柔，气血畅流，腠理细密，天命可以长久。酸多伤及脾脏，使人肌肉起皱嘴唇脱皮；咸多伤及心脏，使人血液凝结颜色易变；甜多伤及肾脏，使人骨头患病牙齿易坏；苦多伤及肺，使人皮肤枯槁而毛发脱落；辛多伤及肝脏，使人容易抽筋手爪枯瘦。吃东西的顺序，都要先吃热食，其次是温食暖食，再次是冷食。吃温热食品，吃完，如果没有冷食，可以含冷水一口口咽下去，如此很好。如能长久记住，就得到了一个养生的重要方法。凡是想吃东西，先稍微吸一些气味，咽一两口口水再吃，可以不生病。孙思邈真人说过：热食伤骨，冷食伤脏；热不要烧烫嘴唇，冷不要刺痛牙齿。吃过以后走一走，可以得到长生。饱食之后不要大声喊叫。过分饮水血脉会闭塞，大醉就神志不清。春季适于吃辛辣的，夏季适于吃酸的，秋季适于吃苦的，冬季适于吃咸的。这样有助于五脏，可以增益血气、辟除诸病。吃酸咸甜苦都不可过分偏食。春天不吃肝，夏天不吃心，秋天不吃肺，冬天不吃肾，四季都不吃脾。如果能不吃这五脏，尤其顺应天理。燕子不可以吃，否则入水要被蛟蛇吞掉，也不应该杀它。饱食之后就躺卧，时间长了会引起背疼病。

饮酒不宜多，多了就要呕吐，不好。醉了不能躺在正当凉风的地方，也不可用扇子，都有损于人。白蜜不能同李子同食，会伤五脏。醉了不可以勉强进食，会使人生发痈疽、生疮。醉饱后交接，小则让人面貌枯焦发黑、咳嗽，大则不幸伤及内脉以至送命。

凡是吃东西需要温热的，容易吃下容易消化，胜过习惯冷食。

凡是吃东西，熟的胜过生的，少吃胜于多吃。吃得过饱过快容易得心痫病。饮水不要急着下咽，容易得腹胀和水肿。吃奶酪不要同吃腌制品，会变为血痰和尿血。吃热东西出了汗不要着急洗脸，会使人失去健康颜色，面部如有虫子爬。

吃热食后，不要用醋浆漱口，会使人口臭以及牙龈出血。马的汗水和马尾毛误入食品中，也能危害人。鸡兔狗肉不可以同吃，会烂肠子。草屋顶上水滴到存放的干肉上，名叫郁脯，吃了损伤人。

孙思邈真人说：长久饥饿得不到一饱，一下子吃得很饱，会得积食之病。饱食夜卧没有盖东西，多数得霍乱而死。传染病初愈，不能吃生鱼，会成痢疾下泻不止。吃生鱼不能又吃奶酪，会变成寄生虫。吃兔肉不能吃干姜，会得霍乱。人吃肉不要选最肥的肉，一定要在吃以前看清楚，才能吃。吃了的人会得结气病和消瘦衰弱以及瘰疬病，凡是吃的时候都这样。

《参赞书》说：凡是空腹的人不要吃生果，会使膈上发热得骨蒸病，成痛疖。铜器盖食品，如果汗掉到食品上，吃了会发疮、内疽。感受寒邪未愈吃太热的食物，可致刺风。喝酒发热没有发散时，不能用冷水洗脸，洗脸会使人生面疮。饱食之后不要洗头，洗头会得头风。荞麦和猪肉同食，不超过三顿就得热风。干肉不要放在存秫米的瓮中，吃了之后会闭气。干肉脯火烧不动，出了火才动，剖开筋缕相交的，吃了害人甚至害死人。羊脾中有肉像珠子一样，名叫羊悬筋，吃了得癫痫病。各种食品表面腐烂看不清本来面目的，吃了会消瘦衰弱、腹胀。得暴病之后不能喝酒，膈上会发热。

《忌食》说：凡是病刚好的，不可吃生枣、羊肉、生菜，会损害肤色而且终身不能恢复，吃多了会使膈上热蒸。凡是吃热油脂的饼物，不要喝醋浆，容易失声喑哑。生葱白和蜜一起吃害人，千万别（这么吃）。干肉脯被水浸再吃会害死人。晒过的肉做成肉脯却不能做到干燥，不要吃。羊肝不要和花椒同食，伤损心脏。菰米和羊肉一起吃会发热。

《延命录》说：饮水养阳气，吃东西养阴气。平常吃东西少一些，但也不要有饥饿感。不饿强吃则脾脏劳累，不渴强饮则胃胀。冬天早晨不要不吃早餐，夏季夜间不可吃得太饱。饱食后不要仰卧，会得腹胀。食后不要马上就睡，易生各种疾病。凡是食物，颜色不好的不吃；气味不好的不吃；没煮熟不吃；时间不对不吃；父母生自己生肖相冲克的东西不吃；放在露天的不吃；贮藏不严密的不吃；食品颜色异常的不吃；狗、雁、黑鱼不吃；鱼无肠胆的不吃；形状怪异的不吃；菌类有毛，背面无纹路的不吃；闭口的花椒不吃；食物上面有细白毛和黑细毛的不吃；刚烤出来还很热的不吃；贮藏的东西有气味不吃；铜器盖的东西不吃；制成不久的生腌物不吃；兽禽脑子不吃；六禽自己死的不吃；果实双仁的不吃；肉块自己会动的不吃；鸡心不吃；蹄爪带毛的不吃；凡是禽类六指、三足、四距的不吃；凡卵上有八字痕迹的不吃。种种生物，或者因月令当忌讳，或者与五脏相反，或者适宜或者当忌，身边应当放上一本《食鉴本草》，以便作为日用口食的参考，不要怕麻烦。饮酒吃肉的，名叫痴脂，他们性情忧狂无常；食用良药并五谷粮食的，叫作中士，仍会担忧疾病；只有保精养神的，名叫上士，才能够与天同寿。

烹坛新语林

"民以食为天""治大国若烹小鲜"。我们厨师通过学习中华烹饪古籍知识，可以穿越时空，感受到饮食文化的博大精深和传承厨艺的创新发展之路。

中国烹饪"以味为核心，以养为目的"。作为当代厨师需要博古通今，了解更多的饮食文化知识，掌握更全面的烹调技法，"传承特色不忘其本，发展创新不乱其味"，与时俱进，从"厨"到"师"让更多的人群吃出特色、吃出美味、吃出健康来。

朱永松——世纪儒厨，北京儒苑世纪餐饮管理中心总经理

随着对烹饪事业的不断追求，对于源远流长的中华饮食文化之博大精深领悟得越透彻，对古人高超的烹饪技艺及蕴含其中的生活智慧就更加充满敬意。

伴随着人民对美好生活的新期待，礼敬传统，挖掘历史古籍，汲取营养，把握烹饪发展脉络，找寻新时代前进的方向，对进一步找回文化自信，对促进当今的餐饮发展，促进人类饮食文明的进一步提高有着积极作用。

杨英勋——全国人大会议中心总厨

"坚持文化自信，弘扬工匠精神"，作为"烹饪王国"中的一名餐饮文化传播者，一直细品着"四大国粹"之一的"烹饪文化"的味道。

民族复兴，助力中国烹饪的发展；深挖古烹之法，"中和"时代新元素，为丰富百姓餐桌增添活力。"自然养生，回归味道"正是餐饮界数千万人所追求的终极目标。挖掘中华烹饪古籍是"中国梦""餐饮梦"中最好的馈赠。

杨朝辉——北京和木 The Home 运营品控总经理

古为今用，扬长避短，做新时代的营养厨师，是我从厨的信念。

"国以民为天，民以食为天"，饮食文化博大精深，学无止境。我们不仅要传承，还要创新。海纳百川，不断地充实自己的烹饪实力。与时俱进，博取各地菜式之长，用现代化的管理意识，为弘扬中国的烹饪事业做出贡献。

梁永军——海军第四招待所总厨

中国饮食文化随着国力的日益强大，在世界上的影响越来越大，各菜系都在传承、创新和发展。

在互联网高速发展的时代，需要更大的创新和改革。无论如何创新，味道永远是菜品的魂，魂从哪里来？就需要我们专业厨师了解传统烹饪技艺、了解食材特性和有炉火纯青的烹饪技法。中华烹饪古籍的出版是餐饮界功在当下、利在千秋的，是幸事、喜事，让更多的厨师得以学习、借鉴、传承和发扬。传承不是守旧，创新不能没根，传承要有方向性、差异性、稳定性、时代性。

王中伟——中粮集团忠良书院研发总监

古为今用，我根据传统工艺和深圳纯天然的鲜花食材（木棉花、玫瑰花、茉莉花、百合花、菊花、桂花等）潜心研究素食，且着重于鲜花素饼与饼皮的研究，推出了五种不同口味的鲜花素饼，即"深圳味道"，得到食客的高度的评价。

张 国——深圳健康餐饮文化人才培训基地主任

我是地地道道的广东人，深受广东传统文化影响。"敢为人先，务实创新，开放兼容，敬业奉献"，这是公认的广东精神，也是我从艺从教的行动方针。

　　潜心烧制粤菜，用心推广融合菜。我以粤菜为中式菜的基础，不断求新求变，"中菜西做""西为中用"。两年时间内研制出具有广东菜特色的30多种融合菜的代表作，引领了珠海、中山两地餐饮业的消费新热潮。同时，作为一名烹饪专业兼职教师，我将生平阅历和所学倾心相授给我的学生，期待培养出更多既有粤菜扎实功底又具有国际视野的烹饪专业优秀人才。研读烹饪古籍也给了我不断探索的动力和灵感。

李开明——中山朝富轩运营总监

　　我秉持着"做出让客人完全称心满意的餐饮"的心态，从食材选购、清洗、烹饪再到调味等每一环节和细节，都在我心中反复地思考和推敲。从了解客人的喜好，到吃透食材的本身，二者合一，这是制作出优秀菜品关键中的关键。

　　这几年，我也试着把健康、养生的想法更多地融入菜品之中，把养生餐饮推广出去，让更多的顾客感受餐饮的魅力。

　　"做菜就是文化的传承，摆盘无论是有多好看，如果没有文化作为底蕴支撑，再好看的菜品也没有了灵魂。"

吴申明——三亚半岭温泉海韵别墅度假酒店中餐厨师长

中国烹饪事业是在源源流长的不同社会变革中发展起来的。自远古时代的茹毛饮血、燧木取火到烹制熟食、解决温饱、吃好，再到吃出营养和健康，都是一代又一代餐饮人的艰辛付出，才换来了今天百姓餐桌百花齐放的饕餮盛宴。

自改革开放以来，随着物质生活的逐渐丰富，人民生活水平的不断提高，健康问题就是新形势下餐饮工作者思考的问题。要从田间到餐桌、从生产加工到制作销售，层层监管，再加上行业监管，才能真正地把安全、放心、营养、健康的食品送到百姓餐桌上。那么，新时代形势下的职业厨师，更应该挖掘古人给我们留下的宝贵财富，发奋图强，励精图治，把我们的烹饪事业弘扬和传承下去。

丁海涛——北京川海餐饮管理有限公司总经理

中国文化历史悠久，中华美食源远流长。从古至今，民以食为天，人们对美食的追求与向往从来就没有停止过。随着饮食文化的不断发展，人们对美食的追求也不断提升。

近年来，结合国外先进理念，中国饮食演变出了很多新的概念菜式，如"分子美食技术、中西融合的创意中国菜、结合传统官府菜"的意境美食菜式被不断创新。对于新时代的中国厨师而言，在思想上，应不忘初心、匠心传承；在技艺上，应借鉴当今世界饮食文化的先进理念，汲取中国传统饮食各菜系之精髓，不断地寻找新的前进方向，才能让中国饮食文化屹立于世界之巅。

王少刚——北京四季华远酒店管理有限公司总经理

随着时代的发展，餐饮消费结构年轻化，80后、90后成为餐饮消费市场的中坚力量。这意味着餐饮行业将会出现一大批，为迎合这一庞大消费群体的个性化、私人化的餐饮服务，更多的传统饮食以"重塑"的方式涌现，打上现代化、年轻化、时尚化的标签。

但无论如何变迁，餐饮人都不要被误导，还是应该回归初心，把菜做好。把产品做到极致，自然会有好的口碑。

宋玉龙——商丘宋厨餐饮

随着经济全球化趋势的深入发展，文化经济作为一种新兴的经济形态，在世界经济格局中正发挥着越来越重要的作用。特别是中国饮食文化在世界上享有盛誉。不管是传统的"八大菜系"，还是一些特色的地方菜，都是中国烹饪文化的传承。长期以来，由于人口、地理环境、气候物产、文化传统，以及民族习俗等因素的影响，形成了东亚大陆特色餐饮类别。随着中西文化交流的深入，科学技术不断发展，餐饮文化也在不断地创新发展，在传统的基础上，增加了很多新的元素。实现了传统与时尚的融合，推动了中国饮食文化走出国门、走向世界。

李吉岩——遵义大酒店行政总厨

中国饮食文化历史源远流长、博大精深，历经了几千年的发展，已经成为中国传统文化的一个重要组成部分。中国人从饮食结构、食物制作、食物器具、营养保健和饮食审美意识等方面，逐渐形成了自己独特的饮食民俗。世界各地将中国的餐饮称为"中餐"。中餐是一种能够影响世界的文化，中餐是一种能够惠及人类的文化，中餐是一种应该让世界分享的文化。

李群刚——食神传人，初色小馆创始人

中国饮食文化博大精深、源远流长。烹饪是一门技术，也是一种文化，既包含了饮食活动过程中饮食品质、审美体验、情感活动等独特的文化底蕴，也反映了饮食文化与优秀传统文化的密切联系。

随着时代的发展，人们越来越崇尚饮食养生理念。通过挖掘烹饪古籍，学习前辈们的传统技艺，再结合现代养生理念，不断地创新，将中华饮食文化发扬光大，是我们这一辈餐饮人不忘初心、牢记匠心的责任和使命。

唐 松——中国海军海祺食府餐饮总监

随着饮食文化的发展和进步，创新是人类所特有的认识和实践能力，中华餐饮也因此在五千年的发展中越发博大而璀璨。烹饪不仅技术精湛，而且讲究菜肴的美感。传统烹调工艺的研究是随着社会的发展和物产的日益丰富而不断进步的。弘扬中国古老的饮食文明，更要发展以面向现代化、面向世界、面向未来为理念的烹饪文化，才能紧跟社会发展的步伐，跟得上新时代前进的方向，才能促进当今饮食文化的发展。创新不忘本、传承不守旧，不论是传统烹调工艺的传承，

还是创新菜的细心研究。无数的美食，随着地域、时间、空间的变化，也不断地变化和改进。用舌尖品尝中国饮食文化，食物是一种文化，更是一种不可磨灭的记忆。

张陆占——北京宛平九号四合院私人会所行政总厨

"舌尖上的中国"让世界看到了中餐的博大精深，其中最有影响力的莫过于源远流长的地方菜系。这些菜系因气候、地理、风俗的不同，历经时间的沉淀依旧具有鲜明的地方特色。

随着时代的变迁、饮食文化的发展，现代人对于美食有了更高的要求，促使中餐厨师不断地创新和完美地传承。无论是经典菜系的传承，还是创意菜的悉心研究，对于中餐厨师而言，凭借的都是对美食的热爱与执着。也正因此，才令中餐的美食文化传承至今，传承不守旧，创新不忘本。

常瑞东——郑州市同胜祥餐饮服务管理有限公司出品总监

美食是认识世界的绝佳方式，要认识和了解一个国家、一个地区，往往都是从一道好菜开始。以吃为乐，其实不仅仅是在品尝菜肴的味道，也是在品尝一种文化。中华美食历史悠久，是中华文明的标志之一。中餐菜肴以色艳、香浓、味鲜、形美而著称。

中国烹饪源远流长，烹饪文化、烹饪技艺代代相传。我们应该让传统的技艺传承下去，取其精华去其糟粕，不断创新和融合，不断推陈出新。

张　文——大同魏都国际酒店餐饮总监

中国烹饪历史悠久、博大精深，只有善于继承和总结，才能善于创新。仅针对保持菜肴的温度的必要性，说说我的看法。

人对味觉的辨别是有记忆的，第一口与最后一口的味道是有区别的。第一口的震撼是能让人记住并唇齿留香，回味无穷的。把90℃的菜品放在一个20℃的器皿里，食物很快就会凉掉，导致口感发柴、发涩，失去其应有的味道。因此，需要给器皿加温，这样才能延长食物从出锅、上桌到入口的"寿命"。

陈 庆——北京孔乙己尚宴店出品总监

挖掘烹饪古籍是"中国梦""餐饮梦"中最好的馈赠。从美食的根源、秘籍、灵感、创新四个角度出发，深入挖掘厨艺背后的故事，分享超越餐桌的味觉之旅，解密厨师的双味灵感世界。这种尊重与分享的精神兼具传承和创新的灵感，与独具慧眼的生活品味不谋而合。

孙华盛——北京识厨懂味餐饮管理有限公司董事长

中国的饮食文化，有季节、地域之分。由于我国地大物博，各地气候、物产和风俗都存在着差异，形成了以川、鲁、苏、粤为主的地方风味。因季节的变化，采用不同的调味和食材的搭配，形成了冬天味醇浓厚、夏天清淡凉爽的特点。中国烹饪不仅技术精湛，食物的色、香、味、型、器具有一致协调性，而且对菜的命名、品味、进餐都有一定的要求。我认为，中国饮食文化就其深层内涵可以概括成四个字"精、美、情、礼"。

宋卫东——霸州三合旺鱼头泡饼店厨师长

中国烹饪是膳食的艺术，是一种复杂而有规律的、将失败转化为食物的过程。中国烹饪是将食材通过加工处理，使之好吃、好看、好闻的处理方法。最早人们不懂得人工取火，饮食状况一片空白。后来钻木取火，从此有了熟食。随着烹调原料的增加、特色食材的丰富、器皿的革新，饮食文化和菜品质量飞速提高！

王东磊——北京金领怡家餐饮管理有限公司副总经理

我是一名土生土长的北京人，当初怀着对美食的热爱和尊敬开始了中式烹调的学习。在从事厨师近 30 年，熟悉和掌握了多种风味菜式，我始终认为中餐的发展应当在遵循传统的基础上不断创新，每一道经典菜肴要有好的温度、舒适的口感和漂亮的盛装器皿。

因为我是北方人，所以做菜比较偏于北方，但为了满足南方客人及外国客人的味蕾，我每天都在研究如何南北结合、东西融合。

我一直坚持认为一道菜的做法，无论是食材还是调料的先后顺序、发生与改变，都会影响到菜品的最终味道。我希望做到的是把南北融合，而不是改变。让客人在我这里享用到他们想吃的，而不是让他们吃到我想让他们吃的。

融合创新的同时，不忘对于味道本身的尊重，我始终信奉味道是中餐的灵魂。我信奉的烹饪格言是"唯有传承没有正宗，物无定味烹无定法，味道为魂适口者珍"。

麻剑平——北辰洲际酒店粤秀轩厨师长

中国烹饪源远流长，自古至今，经历了生食、熟食、自然烹食、科学烹食等发展阶段，推出了千万种传统菜肴和千种工业食品，孕育了五光十色的宫廷御宴与流光溢彩的风味儿家宴。

中国烹饪随着时代的变迁以及技法、地域、经济、民族、宗教信仰、民俗的不同，展示出了不同的文化韵味，形成了不同流派的菜系，各流派相互争艳，百家争鸣。精工细作深受国内外友人喜爱，赋予我国"美食大国"的美称且誉满全球。

高金明——北京城南往事酒楼总厨

从《黄帝内经》《神龙百草经》《淮南子本味篇》等古籍到清代的《随园食单》，每次翻习都能有不同的感悟。《黄帝内经》是上古的养生哲理，《淮南子本味篇》是厨师的祖师爷给我们留下来的烹饪宝典，而敦煌出土的《辅行诀》更是教你重新认识季节和性味的关系。在现代社会，知识的更迭离不开我们古代先哲的指引，学习的深入要追本溯源，学古知今。

王云璋——中国药膳大师

中华美食汇集了大江南北各民族的烹饪技术，融合了各民族的文化传承。随着人们的生活水平不断的提高，现在人们的吃都是讲究"档次"和"品味"规格，当然也表现在追求精神生活上。民以食为天，南北地域的菜品差异，从而产生对美食的新奇审美感，这种对不同区域各类美食风格的新体验，就是传说中"舌尖上的中国"。

郭效勇——北京宛平盛世酒楼出品总监

从古时候的"民以食为天"，到今天的"食以安为先"，人们的饮食观念发生了翻天覆地的变化。作为餐饮从业者一定要把握好饮食变化的规律，才能更好地服务于餐饮事业的发展和人民生活的需要。

当物质生活丰富到一定程度，人们对饮食的追求将更趋于自然、原生态、尽量避免人工合成或科技合成等因素的掺杂。

"穷穿貂，富穿棉，大款穿休闲"，是现实社会消费现象的写照。新中国成立前，山珍海味是将相王侯、达官显贵的桌上餐，普通老百姓只有听听的份，更没有饕餮一餐的口福。改革开放以来，"旧时王谢堂前燕，飞入寻常百姓家"，物质资源的极大丰富，老百姓原来只能听听而已的珍馐佳肴，逐渐成为每个家庭触手可及的饮食目标。人们对餐饮原料、调味的"猎奇心态"越来越严重，促使生产商在利益的驱使和高科技的支持下生产出各种"新原料、新调料"。

私人订制、农家小院、共享农场等新的生活方式逐渐成为社会餐饮消费的主流，人们开始追求有机的、原生态的餐饮原料，也开始把饮食安全作为一日三餐的重要指标。因此，我们餐饮人员一定要紧随趋势，为广大百姓提供、制作健康安全的食品。

范红强——原首都机场空港配餐研发部主管

纵观华夏各民族的传统菜肴和现代烹饪技术，我们餐饮技术人员应对遗落于民间的菜肴和风俗文化进行深入的挖掘和继承，并研发出适合现代市场的菜肴，改良和完善健康美食体系。在打造"工匠精神"的同时，培养和提升行业年轻厨师们的道德品质和烹饪技术能力，大力发扬师傅带徒弟的良好风气，弘扬中国烹饪文化精神。让更多的人在学习和传承中，树立正确的价值观，发挥出更加精湛的技艺，充分体现中国厨师在全社会健康美食中的标杆和引领作用，打造全社会健康美食的精神灵魂。

尹亲林——现代徽菜文化研究院院长